\ 今すぐ使える /
かんたん
mini

JN016715

パワーポイント

Power Point の
基本と便利が
これ1冊でわかる本

門脇香奈子 著

技術評論社

本書の使い方

☑ 画面の手順解説だけを読めば、操作できるようになる!
☑ もっと詳しく知りたい人は、補足説明を読んで納得!
☑ これだけは覚えておきたい機能を厳選して紹介!

特長1

機能ごとに
まとまっているので、
「やりたいこと」が
すぐに見つかる!

基本操作

手順の部分だけを読
んで、パソコンを操
作すれば、
難しいことはわから
なくても、あっとい
う間に操作できる!

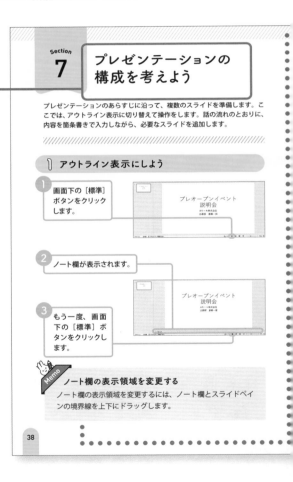

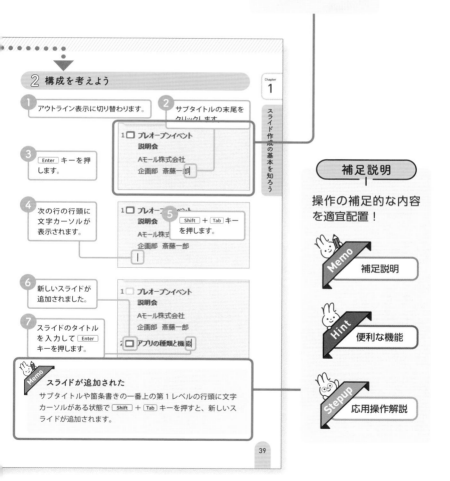

特長2

やわらかい上質な紙を
使っているので、
片手でも開きやすい！

特長3

大きな操作画面で
該当箇所を
囲んでいるので
よくわかる！

補足説明

操作の補足的な内容
を適宜配置！

Memo 補足説明

Hint 便利な機能

Stepup 応用操作解説

2 構成を考えよう

1 アウトライン表示に切り替わります。

2 サブタイトルの末尾を
クリックします。

1□ プレオープンイベント
　　説明会
　　Aモール株式会社
　　企画部　斎藤一郎

3 Enter キーを押
します。

4 次の行の行頭に
文字カーソルが
表示されます。

1□ プレオープンイベント
　　説明会
　　Aモール株式
　　企画部　斎藤一郎
　　│

5 Shift + Tab キー
を押します。

6 新しいスライドが
追加されました。

7 スライドのタイトル
を入力して Enter
キーを押します。

1□ プレオープンイベント
　　説明会
　　Aモール株式会社
　　企画部　斎藤一郎

2□ アプリの種類と機能

Memo **スライドが追加された**
サブタイトルや箇条書きの一番上の第1レベルの行頭に文字
カーソルがある状態で Shift + Tab キーを押すと、新しいス
ライドが追加されます。

39

3

パソコンの基本操作

☑ 本書の解説は、基本的にマウスを使って操作することを前提としています。
☑ お使いのパソコンのタッチパッド、タッチ対応モニターを使って操作する
　場合は、各操作を次のように読み替えてください。

1　マウス操作

●クリック（左クリック）

クリック（左クリック）の操作は、画面上にある要素やメニューの項目を選
択したり、ボタンを押したりする際に使います。

マウスの左ボタンを１回押します。

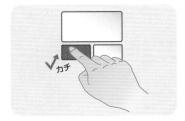

タッチパッドの左ボタン（機種によっ
ては左下の領域）を１回押します。

●右クリック

右クリックの操作は、操作対象に関する特別なメニューを表示する場合など
に使います。

マウスの右ボタンを１回押します。

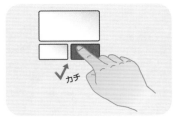

タッチパッドの右ボタン（機種によっ
ては右下の領域）を１回押します。

●ダブルクリック

ダブルクリックの操作は、各種アプリを起動したり、ファイルやフォルダーなどを開く際に使います。

マウスの左ボタンをすばやく2回押します。

タッチパッドの左ボタン（機種によっては左下の領域）をすばやく2回押します。

●ドラッグ

ドラッグの操作は、画面上の操作対象を別の場所に移動したり、操作対象のサイズを変更する際などに使います。

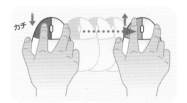

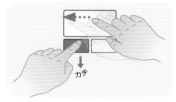

マウスの左ボタンを押したまま、マウスを動かします。目的の操作が完了したら、左ボタンから指を離します。

タッチパッドの左ボタン（機種によっては左下の領域）を押したまま、タッチパッドを指でなぞります。目的の操作が完了したら、左ボタンから指を離します。

Memo ホイールの使い方

ほとんどのマウスには、左ボタンと右ボタンの間にホイールが付いています。ホイールを上下に回転させると、Webページなどの画面を上下にスクロールすることができます。そのほかにも、Ctrlを押しながらホイールを回転させると、画面を拡大／縮小したり、フォルダーのアイコンの大きさを変えたりできます。

2 利用する主なキー

●半角／全角キー

半角／全角 漢字 日本語入力と英語入力を切り替えます。

●エンターキー

Enter 変換した文字を決定するときや、改行するときに使います。

●ファンクションキー

F1 ～ F12 12個のキーには、ソフトごとによく使う機能が登録されています。

●デリートキー

Delete 文字を消すときに使います。「del」と表示されている場合もあります。

●バックスペースキー

Back Space 入力位置を示すポインターの直前の文字を1文字削除します。

●文字キー

文字を入力します。

●オルトキー

Alt メニューバーのショートカット項目の選択など、ほかのキーと組み合わせて操作を行います。

●Windowsキー

■ 画面を切り替えたり、[スタート]メニューを表示したりするときに使います。

●方向キー

文字を入力する位置を移動するときに使います。

●スペースキー

ひらがなを漢字に変換したり、空白を入れたりするときに使います。

●シフトキー

⇧Shift 文字キーの左上の文字を入力するときは、このキーを使います。

③ タッチ操作

● タップ

画面に触れてすぐ離す操作です。ファイルなど何かを選択するときや、決定を行う場合に使用します。マウスでのクリックに当たります。

● ダブルタップ

タップを2回繰り返す操作です。各種アプリを起動したり、ファイルやフォルダーなどを開く際に使用します。マウスでのダブルクリックに当たります。

● ホールド

画面に触れたまま長押しする操作です。詳細情報を表示するほか、状況に応じたメニューが開きます。マウスでの右クリックに当たります。

● ドラッグ

操作対象をホールドしたまま、画面の上を指でなぞり上下左右に移動します。目的の操作が完了したら、画面から指を離します。

● スワイプ／スライド

画面の上を指でなぞる操作です。ページのスクロールなどで使用します。

● フリック

画面を指で軽く払う操作です。スワイプと混同しやすいので注意しましょう。

● ピンチ／ストレッチ

2本の指で対象に触れたまま指を広げたり狭めたりする操作です。拡大（ストレッチ）／縮小（ピンチ）が行えます。

● 回転

2本の指先を対象の上に置き、そのまま両方の指で同時に右または左方向に回転させる操作です。

サンプルファイルのダウンロード

本書で使用しているサンプルファイルは、以下のURLのサポートページからダウンロードすることができます。ダウンロードしたときは圧縮ファイルの状態なので、展開してから使用してください。

https://gihyo.jp/book/2024/978-4-297-14188-2/support

1 サンプルファイルをダウンロードする

1 ブラウザー（ここでは Microsoft Edge）を起動します。

← C 🔒 https://**gihyo.jp**/book/2024/978-4-297-14188-2/support

2 ここをクリックして URL を入力し、[Enter] を押します。

3 表示された画面をスクロールし、[ダウンロード] にある [サンプルファイル] をクリックします。

4 [ファイルを開く] をクリックします。

2 ダウンロードした圧縮ファイルを展開する

1 エクスプローラーの画面が開くので、

2 表示されたフォルダーをクリックし、デスクトップにドラッグします。

3 展開されたフォルダーがデスクトップに表示されます。

4 展開されたフォルダーをダブルクリックすると、

5 各章のフォルダーが表示されます。

Memo 保護ビューが表示された場合

サンプルファイルを開くと、図のようなメッセージが表示されます。[編集を有効にする] をクリックすると、本書と同様の画面表示になり、操作を行うことができます。

ここをクリックします。

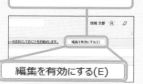

編集を有効にする(E)

PowerPoint2021の新機能

☑ PowerPoint2021は、ファイルを共有して利用するときに便利な機能
や、手書きの文字やイラストなどを描く過程を再現するアニメーション
を設定する機能などが追加されました。また、Office2021で追加され
た新機能も利用できます。ここでは、手軽に利用できる便利な新機能を
紹介します。

1 文字や絵を描く過程を再現できるアニメーション

[描画] タブのペンを選択すると、スライド内に手書きのメモやイラストが
描けます。描いたインクを選択し、手書きのメモやイラストを描く過程を再
現する動きなどを設定できます。

> [アニメーション]
> タブで、[再生] [巻
> き戻し] の動きを
> 選択できます。

スライドショーを実行すると、アニメーションの動きを確認できます。

> [再生] は、手書き
> のメモやイラストを
> 描く過程が再現され
> ます。[巻き戻し]
> は逆再生で、描い
> たメモやイラストが
> 消える動きになりま
> す。

② 検索にも使えるMicrosoft Search

Microsoft Searchを利用すると、操作方法を調べる以外にもさまざまなことができます。たとえば、入力したキーワードに一致する内容を、作成中のファイルから検索できます。また、最近使用したファイルのファイル名の一部を入力して、ファイルの検索結果からファイルを開いたりもできます。

キーワードを入力すると、検索結果が表示されます。機能を実行したり、検索された場所に移動したり、ファイルを開いたりする項目が表示されます。

③ 写真やイラストなどの素材を探せるストックメディア

[挿入] タブの [画像] をクリックして [ストックメディア] を選択すると、「ストック画像」画面が表示されます。画像やイラストなどの素材を探して利用できます。

素材の種類を選択します。キーワードを入力して、画像などを検索できます。

追加する画像などをクリックして [挿入] をクリックすると、選択しているスライドに追加されます。

Contents

Chapter 2 文字を入力しよう

Chapter 3 図形や画像を挿入しよう

Chapter **4** 表やグラフを作成しよう

Chapter 5 アニメーションを
追加しよう

スライド作成の基本を
知ろう

スライド作成の
ワークフローを理解しよう

PowerPoint でプレゼンテーション資料を作成してプレゼンテーションを実行するまでには、さまざまな準備があります。どのような手順で準備を進めるのかをイメージしましょう。

スライドとは

スライドとは、1枚のシートのようなものです。プレゼンテーションでは、画面やスクリーンにスライドを大きく表示して1枚ずつめくりながら説明をします。PowerPoint でプレゼンテーション資料を作成するには、このスライドを作成します。

２ プレゼンテーション資料の作成手順を知ろう

1 骨格を作る

プレゼンテーションで、伝えたい内容をわかりやすく伝えるために、話の流れを考えます。話の流れを箇条書きで入力しながら、複数のスライドをまとめて作成できます。

2 スライドの内容を作る

スライドには、文字以外に表やグラフ、図、写真、動画、音楽などを入れられます。聞き手が理解しやすいように、さまざまな素材を活用しましょう。

3 本番に備えて準備をする

スライドには、話のタイミングに合わせて図や写真などを順に表示したり、強調したりするアニメーションという動きを付けられます。プレゼンテーションがうまくいくように演出し、リハーサルも行います。次のような配布資料や自分用のノートを用意することもできます。

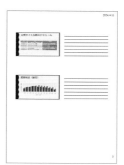

PowerPointを
起動・終了しよう

PowerPoint の起動方法と終了方法を確認しておきましょう。PowerPoint を
起動して新しいスライドを作成する準備をします。最初は、プレゼンテーシ
ョンのタイトルを表示するスライドを含むファイルが作成されます。

1 PowerPointを起動しよう

1 [スタート] ボタ
ンをクリックし、
[すべてのアプ
リ] をクリックし
ます。

2 メニューの中にマウスポインターを移動し、マウスのホイールを手
前に回転させて「PowerPoint」の項目を探します。

3 [PowerPoint]
をクリックします。

④ [新しいプレゼン
テーション] をク
リックします。

⑤ PowerPoint が
起動して、新しい
プレゼンテーショ
ン資料を作成す
る準備ができま
した。

② PowerPointを終了しよう

① [閉じる] をクリッ
クします。

② すると、PowerPoint が終了します。

PowerPointの
画面構成をおさえよう

PowerPoint の画面各部の名称と役割を知っておきましょう。次の画面は、
表示モードが標準表示の画面です（31 ページ参照）。なお、画面に表示され
る内容は、ウィンドウの大きさなどによって異なる場合があります。

PowerPointの画面構成

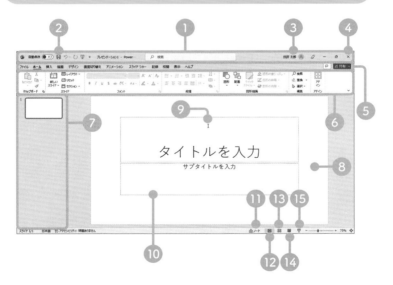

①タイトルバー	ファイルの名前が表示されるところです。
②上書き保存	ファイルを上書きして保存します。
③ユーザーアカウント	MicrosoftアカウントでOfficeソフトにサインインしているとき、アカウントの氏名が表示されます。
④[閉じる] ボタン	PowerPointを終了します。
⑤タブ／⑥リボン	PowerPointで実行する機能が「タブ」ごとに分類され、リボンに表示されています。

❼スライドのサムネイル	プレゼンテーションのすべてのスライドの縮小図が表示されます。
❽スライドペイン	スライドのサムネイル（❼）で選択しているスライドの内容が大きく表示されます。
❾マウスポインター	マウスの位置を示しています。マウスポインターの形はマウスの位置によって変わります。
❿プレースホルダー	タイトルや箇条書きの文字、写真や表などを入れる枠です。
⓫ノート	ノートを入力する領域の表示／非表示を切り替えます。
⓬標準	標準表示とアウトライン表示を切り替えます。
⓭スライド一覧	表示モードをスライド一覧表示に切り替えます。
⓮閲覧表示	表示モードを閲覧表示に切り替えます。
⓯スライドショー	表示モードをスライドショーに切り替えます。

Memo

Backstageビュー

［ファイル］タブをクリックすると表示される画面をBackstage
ビューといいます。Backstageビューでは、ファイルを保存し
たり開いたり、ファイルの基本操作などを行えます。

PowerPointの
おもな表示モードを知ろう

PowerPointでは、スライドを編集するときに使う表示モードが複数用意されています。プレゼンテーションを実行するときに使う表示モードなどもあります。どのような表示モードがあるか確認しましょう。

1 表示モードを切り替えよう

PowerPointで作業をするときは、操作や使用目的によって表示モードを使い分けます。表示モードは、[表示] タブのボタンから切り替えられます。また、ステータスバーから切り替える方法もあります。

Hint ステータスバーから切り替える

ノート表示以外は、ステータスバーからも表示モードを切り替えられます。[表示] タブに切り替えなくても手早く切り替えられて便利です。

ボタン	内容
回	標準表示に切り替えます。標準表示のときは、アウトライン表示に切り替えます。
器	スライド一覧表示に切り替えます。
輯	閲覧表示に切り替えます。
豆	スライドショーに切り替えます。

2 さまざまな表示モード

標準表示

スライドを編集するときにもっ
ともよく使う基本的な表示モー
ドです。左側にスライドの縮小
図のサムネイルが表示されます。
中央のスライドペインには、左
側で選択されているスライドが
大きく表示されます。

スライドのサムネイルをクリックすると、スライドペインに表示される
スライドが切り替わります。

アウトライン表示

アウトライン表示では、左側に
スライドのタイトルやサブタイ
トル、箇条書きの文字などが表
示されます。左側で文字を入力
して、スライドを追加しながら
プレゼンテーション全体の構成
を決めたり確認したりできます。

左側のスライドのタイトルや箇条書きの文字をクリックすると、スライ
ドペインに表示されるスライドが切り替わります。

Hint

スライドペインの表示領域を変更する

標準表示やアウトライン表示で、スライドのサムネイルや文字
を入力する領域と、スライドペインの表示領域の表示の幅を変
更するには、スライドのサムネイルや文字を入力する領域と、
スライドペインを区切る縦の境界線を左右にドラッグします。

スライド一覧表示

画面の中央にスライドの縮小図
が並んで表示されます。スライ
ド全体の流れを確認してスライ
ドを入れ替えたり、スライドと
スライドの間に必要なスライド
を追加したりするときに使用す
ると便利です。

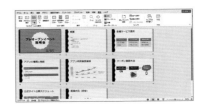

スライドをダブルクリックすると、標準表示やアウトライン表示でその
スライドが表示されます。

ノート表示

画面の上部にスライドの内容、
下部にそのスライドで話す内容
などを書いたノートが表示され
ます。ノート表示では、ノート
に書いた文字に書式を設定して
確認できます。

ノートは、プレゼンテーション
を実行するときに、発表者用のメモとして利用します。

閲覧表示

スライドをウィンドウのサイズ
に合わせて大きく表示し、順番
に確認するのに便利な表示モー
ドです。スライドショーと似て
いますが、スライドショーは、
スライドが画面の大きさいっぱ
いに広がって表示されます。

スライド上でクリックすると、次のスライドが表示されます。 Esc キー
を押すと、元の表示に戻ります。

スライドショー

プレゼンテーション本番で使用する表示モードです。スライドが画面の大きさいっぱいに広がって大きく表示されます。スライドを切り替えながら説明を進めます。

スライド上でクリックすると、次のスライドが表示されます。 Esc キーを押すと、元の表示に戻ります。

ズーム機能で拡大／縮小する

標準表示やアウトライン表示、スライド一覧表示などでは、画面の中央に表示されるスライドを拡大したり縮小したりして表示できます。拡大／縮小の設定は、ステータスバーの右側のズームスライダーを使用するとかんたんに切り替えられます。右端のボタンをクリックすると、ウィンドウの大きさに合わせて表示倍率が自動的に調整されます。

タイトルやサブタイトルを入力しよう

PowerPoint を起動して、新しいファイルを準備すると、タイトルとサブタイトルを入力するスライドが表示されます。タイトルやサブタイトルを入力するプレースホルダーをクリックして文字を入力します。

1 タイトルを入力しよう

1 「タイトルを入力」と表示されているプレースホルダー内をクリックします。

2 プレゼンテーションのタイトルを入力します。

3 Enter キーで改行して続きの文字を入力します。

2 サブタイトルを入力しよう

1 「サブタイトルを入力」と表示されているプレースホルダー内をクリックします。

2 プレゼンテーションのサブタイトルを入力します。

3 Enter キーで改行して続きの文字を入力します。

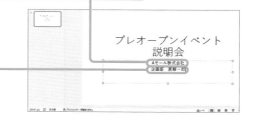

4 プレースホルダー以外の場所をクリックします。

5 プレースホルダーの選択が解除されます。

6 文字が表示されました。

6 スライドを 追加・削除しよう

PowerPoint では、必要に応じて複数のスライドを追加して内容を作成します。スライドを追加したり、削除したりする基本的な操作方法を知っておきましょう。

スライドを追加しよう

1 スライドを追加する箇所、または、追加したいスライドの前のスライドを左クリックします。

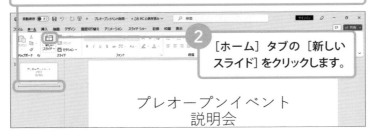

2 [ホーム] タブの [新しいスライド] をクリックします。

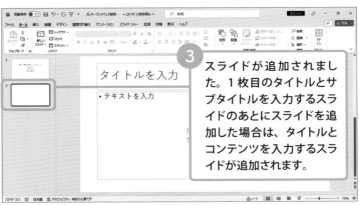

3 スライドが追加されました。1枚目のタイトルとサブタイトルを入力するスライドのあとにスライドを追加した場合は、タイトルとコンテンツを入力するスライドが追加されます。

② スライドを削除しよう

① 削除するスライド（ここでは「2」）をクリックします。

タイトルを入力

・テキストを入力

② Delete キーを押します。

Memo コンテンツについて

プレースホルダーには、文字以外のさまざまな情報を追加できます。たとえば、プレースホルダーのアイコンをクリックして、次のようなものを追加できます。

アイコン	名前	内容
🖼	ストック画像	ストック画像という、素材集のようなものからさまざまなイラストや写真などを探して追加できます。
🖼	図	パソコンに保存してある写真などの画像ファイルを追加できます。
🖑	アイコンの挿入	絵文字のようなアイコンの一覧から、アイコンを探して追加できます。
🔲	SmartArtグラフィックの挿入	手順や関係性、階層構造などをわかりやすく表現するための図解の図を追加できます。
🗐	3Dモデル	3Dモデルの一覧から、3D画像を探して追加できます。
▭	ビデオの挿入	パソコンに保存してある動画ファイルなどを追加できます。
⊞	表の挿入	細々とした情報を整理して提示するための表を追加できます。
▥	グラフの挿入	数値の大きさの違いや推移、割合などをわかりやすく表示するためのグラフを追加できます。

プレゼンテーションの構成を考えよう

プレゼンテーションのあらすじに沿って、複数のスライドを準備します。ここでは、アウトライン表示に切り替えて操作をします。話の流れのとおりに、内容を箇条書きで入力しながら、必要なスライドを追加します。

1 アウトライン表示にしよう

1 画面下の [標準] ボタンをクリックします。

2 ノート欄が表示されます。

3 もう一度、画面下の [標準] ボタンをクリックします。

Memo

ノート欄の表示領域を変更する

ノート欄の表示領域を変更するには、ノート欄とスライドペインの境界線を上下にドラッグします。

② 構成を考えよう

1 アウトライン表示に切り替わります。

2 サブタイトルの末尾をクリックします。

1 □ プレオープンイベント
　　説明会
　　Aモール株式会社
　　企画部　斎藤一郎

3 Enter キーを押します。

4 次の行の行頭に文字カーソルが表示されます。

1 □ プレオープンイベント
　　説明会
　　Aモール株式
　　企画部　斎藤一郎
　　|

5 Shift + Tab キーを押します。

6 新しいスライドが追加されました。

1 □ プレオープンイベント
　　説明会
　　Aモール株式会社
　　企画部　斎藤一郎

7 スライドのタイトルを入力して Enter キーを押します。

2 □ アプリの種類と機能

Memo

スライドが追加された

サブタイトルや箇条書きの一番上の第1レベルの行頭に文字カーソルがある状態で Shift + Tab キーを押すと、新しいスライドが追加されます。

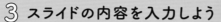

③ スライドの内容を入力しよう

1 スライドが追加されます。

2 Tab キーを押します。

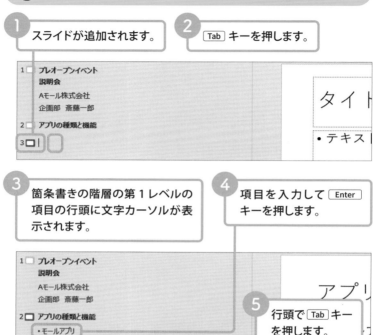

3 箇条書きの階層の第1レベルの項目の行頭に文字カーソルが表示されます。

4 項目を入力して Enter キーを押します。

5 行頭で Tab キーを押します。

6 箇条書きの項目の階層のレベルが下がります。

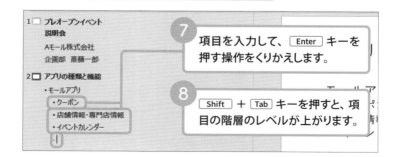

7 項目を入力して、 Enter キーを押す操作をくりかえします。

8 Shift + Tab キーを押すと、項目の階層のレベルが上がります。

9 項目を入力して Enter キーを押します。

10 Tab キーを押します。

11 項目を入力して Enter キーを押す操作をくりかえします。

12 Shift + Tab キーを押します。

13 もう一度、 Shift + Tab キーを押します。

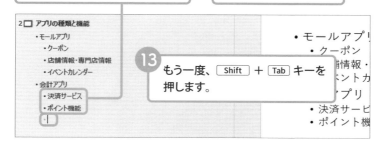

14 スライドが追加されます。スライドのタイトルを入力します。

15 Enter キーを押します。

16 スライドのタイトルを入力し、 Enter キーを押す操作をくりかえして複数のスライドを追加します。

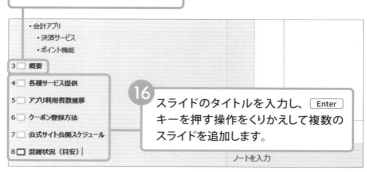

スライドを移動・コピー＆ペーストしよう

スライドの順番は、あとから自由に移動できます。ここでは、スライドのサムネイルを横に並べて表示するスライド一覧表示に切り替えて操作します。また、スライドは、コピーして利用することもできます。

1 スライド一覧表示にしよう

1 画面下の［スライド一覧］をクリックします。

2 スライド一覧表示に切り替わりました。

3 スライドの左下の番号は、スライドの表示順です。

② スライドを移動しよう

1 移動するスライド（ここでは「2」）にマウスポインターを移動します。

2 スライドを移動先（ここでは「4」）に向かってドラッグします。

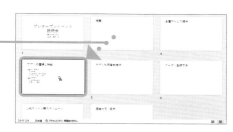

Hint スライドをコピーする

Ctrl キーを押しながらスライドをドラッグすると、スライドがコピーされます。

3 スライドの順番が変わりました。

4 [標準]ボタンを2回クリックして、標準表示に戻ります。

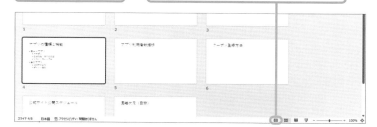

スライドのレイアウトを
指定しよう

スライドには、プレースホルダーの配置案のパターンによって複数のレイアウトが用意されています。基本のレイアウトは「タイトルとコンテンツ」です。スライドのどこに何を配置するのかに合わせて選択します。

スライドのレイアウトを変更しよう

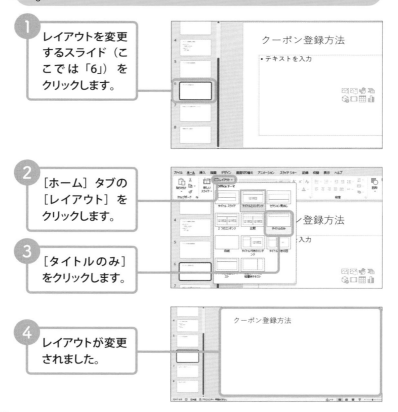

1 レイアウトを変更するスライド（ここでは「6」）をクリックします。

2 [ホーム] タブの [レイアウト] をクリックします。

3 [タイトルのみ] をクリックします。

4 レイアウトが変更されました。

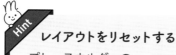

レイアウトをリセットする

プレースホルダーの大きさを変更したり、移動したりしたあとに、元の状態に戻したい場合は、レイアウトをリセットして元に戻すことができます。対象のスライドを選択し、［ホーム］タブの［リセット］をクリックします。

なお、プレースホルダーのスタイルや文字の書式を変更して、スライドのリセットを実行すると、それらの変更も元に戻ります。そのため、リセットは、書式を元に戻す目的でも使用できます。ただし、プレースホルダーに設定した塗りつぶしの色の書式などは、リセットしても元に戻らないので注意してください。

スライドマスター

スライド全体の書式やレイアウトは、スライドマスターというところで管理されています。［表示］タブの［スライドマスター表示］をクリックすると、画面が切り替わります。一番上のスライドマスターをクリックし、スライド内のプレースホルダーの文字の大きさなどを変更すると、ほかのスライドレイアウトにその変更が反映されるしくみです。ただし、変更内容によっては、一部のレイアウトには変更が反映されない場合もあります。

スライドマスターの画面を閉じるには、［スライドマスター］タブの［マスター表示を閉じる］をクリックします。

デザインのテーマを選ぼう

スライド全体のデザインを変更するには、デザインを一括してコーディネイトする役目を持つ「テーマ」という機能を利用します。スライドの背景や、使用する文字のフォント、色合いなどのデザインをまとめて整えられます。

1 デザインのテーマを選ぼう

1 1枚目のスライドをクリックします。

2 [デザイン] タブの [テーマ] の [テーマ] ボタンをクリックします。

3 利用したいテーマにマウスポインターを移動します。

4 テーマを適用したときのイメージが表示されます。

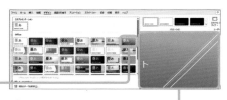

5 テーマをクリックします。

6 テーマが適用されました。

テーマは早めに決めよう

テーマを適用すると、文字の大きさやフォント、使用する色の組み合わせなどがまとめて変更されます。そのため、スライドを作り込んだあとにテーマを変更すると、文字があふれてしまったり、デザインのイメージが大きく変わってしまったりすることがあります。そのため、テーマは、なるべく早い段階で指定するとよいでしょう。

テンプレートを利用する

PowerPoint には、プレゼンテーション資料の見本がテンプレートしていくつか用意されています。作成する資料に近いものがある場合は、テンプレートをもとに作成すると、それを手直しすることで、すばやく資料を作成できます。テンプレートをもとにファイルを作成するには、[ファイル] タブの [新規] をクリックしてテンプレートを選択します。テンプレートには、複数のスライドが含まれるものがあります。必要に応じてスライドを追加します。

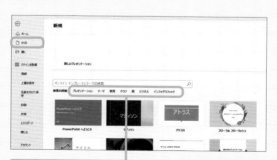

作成するプレゼンテーションのカテゴリを選択で
きます。

バリエーションや
背景色を変更しよう

テーマには、テーマごとにいくつかのバリエーションが用意されています。
バリエーションによって背景のデザインや使用する色の組み合わせなどを変
更できます。また、背景だけを指定することもできます。

バリエーションを変更しよう

1 1枚目のスライド
をクリックします。

2 [デザイン] タブの [バリエーション] からバリエーションを選んで
クリックします。

3 バリエーションが
適用されました。

Memo スライドのサイズを変更する

スライドのサイズを変更するには、[デザイン] タブの [スラ
イドのサイズ] をクリック、[ユーザー設定のスライドのサイズ]
をクリックすると表示される画面で指定します。たとえば、A4
用紙1枚のチラシを作成する場合は、A4を指定します。

②　背景色を変更しよう

① [デザイン]タブの[バリエーション]の[バリエーション]ボタンをクリックします。

② [背景のスタイル]にマウスポインターを移動します。

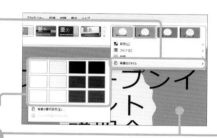

③ 気に入った背景をクリックします。

④ ここでは、背景は変更しないので、スライド内をクリックして操作をキャンセルします。

⑤ 元の画面に戻ります。

プレオープンイ
ベント
説明会

Memo

色やフォントのテーマを個別に指定する

手順②の画面で、[配色][フォント][効果]を選択すると、それぞれ、テーマの色やフォント、効果だけを指定できます。色の組み合わせやフォントの組み合わせ、図形を描いたときの質感などを変更できます。

デザイナー機能を使う

Microsoft365 の PowerPoint
では、スライド編集時に［デ
ザイナー］作業ウィンドウが
表示されてデザイン案が表示
される場合があります。また
は、［ホーム］タブの［デザ
イナー］をクリックして作業

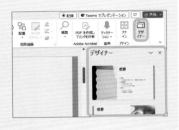

ウィンドウを表示します。気に入ったデザインをクリックして
スライドのデザインを変更できます。

スライドの内容に合わせて色を選択しよう

色を選ぶときは、スライドの内容に合わせて選ぶことも重要で
す。色には表情があり、たとえば、寒色系の色は落ち着きのあ
る印象、暖色系の色は明るく活発な印象を与えると言われてい
ます。また、色の組み合わせによっては、「自然」「都会」「子
供らしさ」などの雰囲気を感じさせるものもあるでしょう。内
容と色がちぐはぐな印象にならないように心がけましょう。
また、会社のイメージカラーなどを使う場合は、色を RGB 値
やコードで指定できます。たとえば、タイトルスライドの背
景色を設定するには、
タイトルのスライド
を選択し、手順❸の
画面で［背景の書式
設定］を選択し、次
のように操作します。

Chapter

2

文字を入力しよう

Section

箇条書きを追加しよう

38ページでは、アウトライン表示で箇条書きの文字を入力する方法を紹介しましたが、ここでは、標準表示で箇条書きの文字を入力します。項目の階層のレベルに注意して、レベルを上げたり下げたりしながら入力します。

1 箇条書きで文字を入力しよう

1 文字を入力するスライド（ここでは「2」）をクリックします。

2 「テキストを入力」と表示されているプレースホルダー（中央のアイコン以外の場所）をクリックします。

3 項目を入力します。

4 [Enter] キーを押すと、次の項目が入力できます。

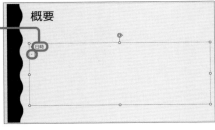

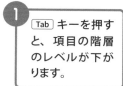

② 階層を上げ下げしよう

1 Tab キーを押すと、項目の階層のレベルが下がります。

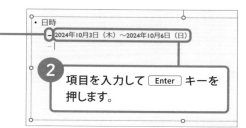

2 項目を入力して Enter キーを押します。

3 Shift + Tab キーを押すと、項目の階層のレベルが上がります。

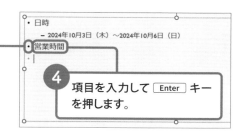

4 項目を入力して Enter キーを押します。

5 Tab キーを押すと、項目の階層のレベルが下がります。

・日時
　- 2024年10月3日（木）～2024年10月6日（日）
・営業時間
　- 専門店10時～21時
　- レストラン11時～22時
・内容
　- パフォーマンス
　- 各種サービス提供

6 階層のレベルを上げたり下げたりしながら続きの内容を入力します。

Hint 項目を入れ替える

箇条書きの行頭の記号を上下にドラッグすると、項目を入れ替えられます。

フォントや文字サイズを変更しよう

文字のフォントやサイズを変更します。プレースホルダー全体の文字を変更するには、プレースホルダーを選択して設定します。文字単位に変更するには、変更する文字を選択してから設定します。

] フォントを変更しよう

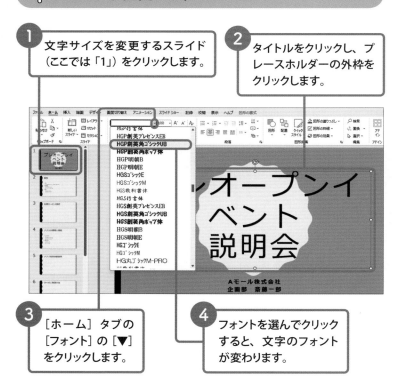

1 文字サイズを変更するスライド（ここでは「1」）をクリックします。

2 タイトルをクリックし、プレースホルダーの外枠をクリックします。

3 ［ホーム］タブの［フォント］の［▼］をクリックします。

4 フォントを選んでクリックすると、文字のフォントが変わります。

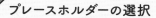

プレースホルダーの選択

プレースホルダー全体を選択するには、まず、選択するプレースホルダー内をクリックし、表示されるプレースホルダーの外枠部分をクリックします。

2 文字サイズを変更しよう

1 タイトルをクリックし、プレースホルダーの外枠をクリックします。

2 [ホーム] タブの [フォントサイズ] の [▼] をクリックします。

3 サイズ（ここでは「72」）を選んでクリックします。

4 文字の大きさが変わりました。

文字に色や飾りを付けよう

強調したい文字が目立つようにするには、文字に書式を設定します。文字の
色を変更したり、文字を太字にしたりしてみましょう。ここでは、文字を選
択して操作します。書式を解除する方法も知っておきましょう。

1 文字に色を付けよう

1 文字の色を変更するス
ライド（ここでは「2」）
をクリックします。

2 文字が入力されているプレース
ホルダーをクリックします。

3 書式を設定する
文字をドラッグし
て選択します。

4 ［ホーム］タブの［フォントの色］
の［▼］をクリックします。

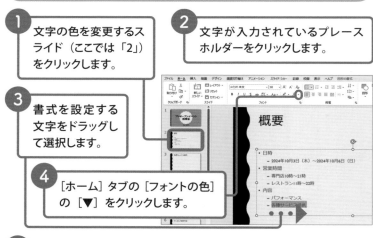

5 色をクリックする
と、文字の色が
変更されます。

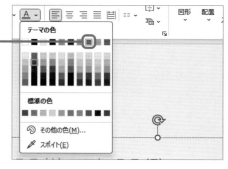

Memo

テーマの色

ここでは、[テーマの色] から色を選択しました。表示される色の組み合わせは、選択しているテーマによって異なります。[テーマの色] から色を選択した場合は、あとからテーマを変更したときに、色が変わることがあるので注意してください。

2 文字を太字にしよう

1 文字が入力されているプレースホルダーをクリックします。

2 書式を設定する文字をドラッグして選択します。

3 [ホーム] タブの [太字] をクリックすると、文字に太字が設定されます。

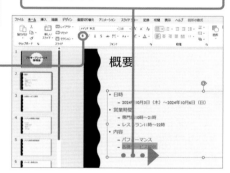

Hint

書式をクリアする

太字の設定を元に戻すには、太字の文字を選択して[ホーム]タブの[太字]をクリックします。文字

の書式をまとめて解除するには、対象の文字を選択し、[ホーム] タブの [すべての書式をクリア] をクリックします。

15 文字の配置を変更しよう

文字をプレースホルダーの中央や右端などに揃えるには、文字の配置を指定します。中央揃えや右揃えなど、文字の配置を指定するボタンをクリックして設定します。ここでは、サブタイトルを右に揃えて配置します。

1 文字を右揃えにしよう

1 文字の配置を変更するスライド（ここでは「1」）をクリックします。

2 サブタイトルをクリックし、プレースホルダーの外枠をクリックします。

3 [ホーム]タブの[右揃え]をクリックします。

4 文字の配置が変わりました。

5 プレースホルダー以外の箇所をクリックします。

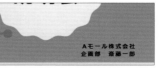

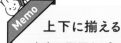

上下に揃える

文字の配置をプレースホルダーの上や下に揃えるには、[ホーム] タブの [文字の配置] をクリックして [上揃え] や [下揃え] をクリックします。

字下げをする

図形に入力した文字などの行頭を少し右に字下げするには、字下げする段落を選択して、[ホーム] タブの [インデントを増やす] をクリックします。[インデントを減らす] をクリックすると、字下げした行頭を左に戻します。[インデントを増やす] を何度かクリックすると、少しずつ字下げ位置を調整できます。なお、箇条書きの項目を入力するプレースホルダーで、箇条書きの項目を選択して、[インデントを増やす] や [インデントを減らす] をクリックすると、箇条書きの階層のレベルを上げたり下げたりする設定になるので注意してください。

文字の間隔・行間を変更しよう

文字が詰まって見づらい場合は、文字の間隔や行間を空けると見やすくなります。また、段落の前後の間隔も指定できます。たとえば、箇条書きの階層ごとのまとまりをわかりやすくするために、空間を入れて整理できます。

1 文字の間隔を変更しよう

1 文字が入力されているスライド（ここでは「4」）をクリックします。

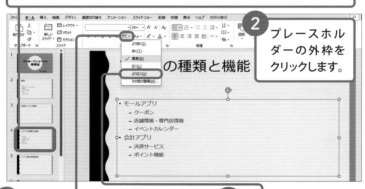

2 プレースホルダーの外枠をクリックします。

3 [ホーム] タブの [文字の間隔] をクリックします。

4 間隔選んでクリックします。

5 文字の間隔が変わりました。

② 行間を変更しよう

① プレースホルダーの外枠をクリックします。

② [ホーム] タブの [行間] をクリックします。

③ 行間を選んでクリックします。

④ 行間が変わりました。

⑤ なお、ここでは、文字の間隔や行間の設定は元に戻して次の操作に進みます（137 ページ参照）。

Memo 文字サイズを確認する

行間を広くしすぎてプレースホルダーに収まらなくなると、文字サイズが自動的に小さく調整される場合があります。注意してください。

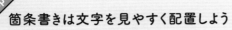

箇条書きは文字を見やすく配置しよう

プレゼンテーションで伝えたい内容を、正しく理解してもらうために、聞き手には、常に余裕をもって説明を聞いてもらえるように心がけましょう。

箇条書きに「文章」を入力してしまうと、聞き手は文章を読むことに集中してしまうかもしれません。文字は、読もうとしなくても頭に入るくらいの長さにします。

項目の数もあまり多くせず、文字が見やすいように、行間にゆとりをもたせて配置しましょう。項目が長くなってしまいそうな場合は、階層を利用して整理して表示します。階層の第1レベルの段落の前に空間を空けると、階層ごとのまとまりがわかりやすくなります。

なお、箇条書きの項目を入力しているプレースホルダーが複数あるとき、箇条書きの項目のレイアウトをまとめて指定するには、マスター表示画面（45ページ参照）に切り替えてスライドマスターを操作します。たとえば、段落の前後の間隔は、段落を選択した状態で［ホーム］タブの［行間］をクリックし、［行間のオプション］をクリックすると表示される画面で指定します。

Chapter

3

図形や画像を挿入しよう

Section

図形を挿入しよう

何かの手順や物事の関係性を伝えるには、文章ではなく図解の図を作成して解説すると、効果的に伝えられます。かんたんな図は、複数の図形を組み合わせて作成できます。図形を描く方法を知りましょう。

1 図形を描こう

1 図形を描くスライド（ここでは「6」）をクリックします。

2 ［挿入］タブの［図形］をクリックし、［正方形 / 長方形］をクリックします。

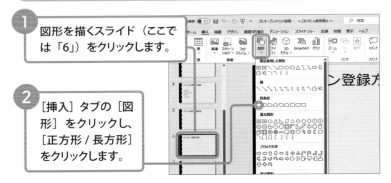

3 スライド上を斜めにドラッグして図形を描きます。

Memo

テキストボックス

文字を入力する専用の図形は、図形の一覧から［テキストボックス］や［縦書きテキストボックス］を選択して描きます。テキストボックスを描くと、文字カーソルが表示されます。

② 図形の大きさを変更しよう

1 図形をクリックして選択します。

2 サイズ変更ハンドルにマウスポインターを移動します。

3 サイズ変更ハンドルをドラッグして図形の大きさを変更します。

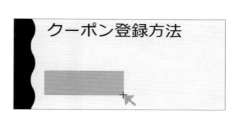

4 図形の大きさが変わりました。

5 同様の手順でほかの図形を追加します。矢印の図形は、［矢印：右］の図形を追加します。右の図形は、［雲］の図形を追加します。

Hint

縦横比を変えずに変更する

[Shift] キーを押しながら図形の四隅のサイズ変更ハンドルをドラッグすると、図形の縦横比を変えずに図形の大きさを変更できます。

18 図形を移動・コピーしよう

必要に応じて図形の位置を調整します。図形を移動する方法を知りましょう。
また、同じ形の図形はコピーして使用するとかんたんに描けます。ここでは、
図形を真横にコピーします。キー操作と組み合わせて操作しましょう。

1 図形を移動しよう

1 図形をクリックして選択します。

2 図形を横にドラッグします。

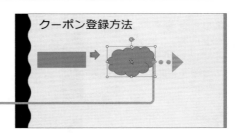

3 図形が移動しました。

Hint 図形をまっすぐ移動する

図形をドラッグすると、図形を移動できます。 Shift キーを押しながら図形をドラッグすると、図形を水平や垂直に移動できます。

② 図形をコピーしよう

1 図形をクリックして選択します。

2 Ctrl キーと Shift キーを押しながら、図形を横にドラッグします。

3 図形が真横にコピーされました。

4 矢印の図形も同様にコピーしておきます。

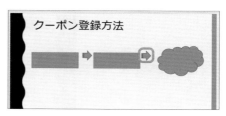

Hint 図形をコピーする

Ctrl キーを押しながら図形をドラッグすると、図形をコピーできます。Ctrl キーと Shift キーを押しながら図形をドラッグすると、上下左右まっすぐ移動させながらコピーできます。

図形に文字列を
入力しよう

ほとんどの図形は、図形内に文字を入力できます。図形で示すキーワードなどの文字を入力しましょう。文字を入力すると、図形の中央に配置されます。文字の配置や大きさなどは、あとから調整できます。

1 図形に文字を入力しよう

1 図形をクリックして選択します。

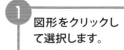

2 文字を入力します。

3 [Enter] キーで改行して文字を入力します。

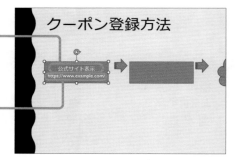

Memo

図形の選択

図形をクリックすると、図形内に文字カーソルが表示されますので文字を修正できます。図形全体を選択する場合は、図形の外枠をクリックします。

② 文字の大きさを変更しよう

1 ほかの図形にも文字を入力しておきます。

2 図形の外枠をクリックして図形を選択します。

Memo 図形内の文字の配置

文字の配置を指定するには、図形を選択して [ホーム] タブの [左揃え] [中央揃え] [右揃え] のボタンをクリックします。上下に揃えるには、[文字の配置] ボタンで指定します。

---

3 [ホーム] タブの [フォントサイズ] をクリックして文字のサイズ (ここでは「24」) をクリックします。

4 図形内の文字の大きさが変わりました。

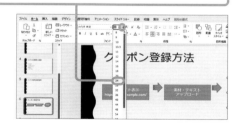

Memo 指定した文字の大きさを変える

図形内の一部の文字の大きさを変更するには、まず、文字をドラッグして選択します。続いて、手順❸の方法で大きさを指定します。

20 図形の位置を揃えよう

図を作成するときは、大きさや位置などをきちんと揃えましょう。図形同士の位置や間隔がずれていると、図の意味を誤解される可能性もあります。聞き手によけいな気を使わせないように注意しましょう。

1 図形の配置を揃えよう

1 配置を整える図形の外枠をクリックします。

2 Shift キーを押しながら、配置を整える図形の外枠をクリックします。

3 [図形の書式] タブの [配置] の [上下中央揃え] をクリックします。

4 図形の中心が水平に揃います。

Memo

左や上を揃える

選択した複数の図形の左端を揃えるには [左揃え]、上端を揃えるには [上揃え] をクリックします。それぞれ、複数の図形の一番左の図形や、一番上の図形に合わせて位置が揃います。

② 図形の間隔を揃えよう

1 配置を整える図形の外枠をクリックします。

2 [Shift] キーを押し
ながら、配置を整
える図形の外枠を
クリックします。

3 [図形の書式]タブの[配置]の[左右に整列]
をクリックします。

4 図形の左右の間
隔が揃いました。

Memo

図形の大きさを揃える

複数の図形の大きさ
を揃えるには、複数
の図形を選択し、[図

形の書式] タブの [サイズ] グループで高さと幅を指定します。

Memo

複数の図形を選択する

1つめの図形をクリックし、[Shift] キー、または [Ctrl] キーを
押しながら同時に選択する図形をクリックします。

Section

21 図形の色や枠線の色を 変更しよう

図形の塗りつぶしの色や枠線の色を変更します。一覧から色を選択しましょう。ここでは、矢印の図形を例に操作します。複数の図形の書式をまとめて設定するには、複数の図形を選択してから操作します。

1 図形の色を変更しよう

1 色を変更する図形の外枠をクリックします。

2 Shift キーを押しながら、ほかの図形の外枠をクリックします。

3 [図形の書式] タブの [図形の塗りつぶし] をクリックして色をクリックします。

4 図形の塗りつぶしの色が変わります。

② 図形の枠線を変更しよう

1 枠線の色を変更する図形の外枠をクリックします。

2 Shift キーを押しながら、ほかの図形の外枠をクリックします。

3 [図形の書式] タブの [図形の枠線] をクリックして色をクリックします。

4 図形の枠線の色が変わります。

Hint

図形の書式をコピーする

図形の書式をコピーするには、元の図形を選択し、[ホーム] タブの [書式のコピー / 貼り付け] をクリックします。コピー先の図形をクリックすると、図形の形や文字の内容はそのままで書式だけがコピーされます。

図形の書式をまとめて変更しよう

図形の塗りつぶしの色や枠線の色、文字の色など図形全体のデザインをまとめて変更するには、図形のスタイルを設定します。スタイルには、背景の色がないものもありますので、色をなしにしたい場合も利用できます。

1 スタイルを選ぼう

1 スタイルを変更する図形の外枠をクリックします。

2 Shift キーを押しながら、ほかの図形の外枠をクリックします。

3 [図形の書式] タブの [クイックスタイル] をクリックします。

4 スタイルを選んでクリックします。

⑤ 図形のスタイル
が変わりました。

⑥ 同様に右端の図
形のスタイルも
変更します。

Memo

図形の重ね順を変更する

図形を重ねて描くと、あ
とから描いた図形がすで
にある図形の上に表示さ
れます。重ね順を変更す
るには、対象の図形を選
択して［図形の書式］タ
ブの［前面へ移動］や［背
面へ移動］をクリックし

ます。［前面へ移動］や［背面へ移動］の横の［▼］をクリッ
クして、［最前面へ移動］や［最背面へ移動］を選択すること
もできます。

23 アイコンやストック画像を活用しよう

図解の図を作成するときは、図形に文字を入力する以外に、絵文字のような
アイコンやイラストを利用する方法もあります。適切なイラストを利用すれ
ば、伝えたい内容のイメージを瞬時に伝えられます。

1 アイコンを挿入しよう

1 アイコンを追加するスライド（ここでは「6」）をクリックします。

2 ［挿入］タブの［アイコン］をクリックします。

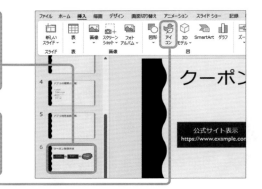

3 ［ストック画像］の画面が表示されます。

4 利用したいアイコンを示すキーワード（ここではスマートフォン）を入力します。

5 挿入するアイコンをクリックします。

6 ［挿入］をクリックします。

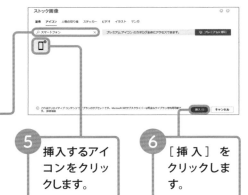

② アイコンの位置を変更しよう

1 アイコンをクリックします。

2 アイコンの外枠をドラッグします。

3 アイコンが移動します。

4 同様に左の図形の下にパソコンのアイコンを追加しておきます。

Memo インターネットに接続しておく

アイコンやストック画像を探して追加するには、インターネットに接続しておく必要があります。なお、アイコンやストック画像の検索結果は、PowerPoint のバージョンなどによって異なる場合があります。パソコンのアイコンを探す場合は「コンピューター」や「PC」など、さまざまなキーワードで検索してみましょう。

③ イラストを挿入しよう

1 イラストを挿入するスライド（ここでは「1」）をクリックします。

2 [挿入] タブの [画像] ―[ストック画像] をクリックします。

3 [ストック画像] の画面が表示されます。

4 [イラスト] をクリックします。

5 利用したいイラストを示すカテゴリーをクリックします。

6 挿入するイラストをクリックします。

7 [挿入] をクリックすると、イラストが挿入されます。

8 イラストが挿入されます。

4 イラストやアイコンを削除しよう

① イラストやアイコンの外枠
をクリックして選択します。

② [Delete] キーを押
すと、イラストや
アイコンが削除
されます。

Memo 大きさを変更する

アイコンやイラストをク
リックして選択し、周囲
に表示されるサイズ変更
ハンドルをドラッグする
と大きさが変わります。

Memo 色などを変更する

アイコンやストック画像のイラストを選択すると、[グラフィッ
クス形式] タブが表示されます。[グラフィックス形式] タブ
では、アイコンやストック画像の色や外枠の色や太さなどの書
式を変更できます。

24 画像を挿入しよう

商品や場所などのイメージは、写真を表示すると具体的なイメージを瞬時に
伝えられます。写真を挿入したり、差し替えたりする方法を知りましょう。
写真を差し替えると、すでにある写真と同じ場所に別の写真を表示できます。

1 画像を挿入しよう

1 写真を挿入するスライド
（ここでは「6」）をクリックします。

2 ［挿入］タブの
［画像］―［このデバイス］を
クリックします。

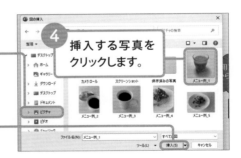

3 写真の保存先を
指定します。

4 挿入する写真を
クリックします。

5 ［挿入］をクリックすると、写真
が挿入されます。

Memo 動画や音を表示する

動画を追加するには［挿入］タブの［ビデオ］―「このデバイス」、
音を追加するには［挿入］タブの［オーディオ］―「このコン
ピューター上のオーディオ」を選択し、表示される画面でビデ
オやサウンドのファイルを選択します。

② 画像を差し替えよう

1 差し替える写真をクリックします。

2 [図の形式] タブの [図の変更] をクリックして [このデバイス] をクリックします。

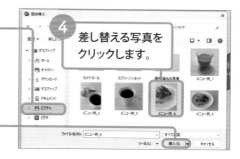

3 写真の保存先を指定します。

4 差し替える写真をクリックします。

5 [挿入] をクリックします。

6 写真が差し替えられました。

Hint すべてのスライドに追加する

会社のロゴマークなどをすべてのスライドに追加したい場合は、45 ページの方法でスライドマスターを表示して、一番上のスライドマスターをクリックして図を追加します。すると、すべてのスライドに追加した図が表示されます。

画像の大きさや位置を変更しよう

スマートフォンなどで撮影した写真をスライドに挿入すると、スライドに写真が大きく表示されます。写真の大きさや位置を調整しましょう。写真をクリックして選択してから操作します。

1 画像の大きさを変更しよう

1 挿入した写真をクリックします。

2 写真の周囲に表示されるサイズ変更ハンドルにマウスポインターを移動します。

3 ドラッグしてサイズを調整します。

4 すると、写真の大きさが変わります。

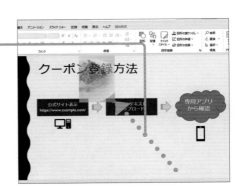

② 画像の位置を変更しよう

1 写真をクリックします。

図形や画像を挿入しよう

2 写真を移動先にドラッグします。

3 写真が移動しました。

4 写真以外をクリックします。

Hint 位置をぴったり揃える

写真や図形などをドラッグすると、写真や図形などをほかの図形やスライドの中央などにぴったり揃えるときの目安になる点線が表示されます。点線を確認して配置すると、あとで位置を調整する手間が省けます。

26 画像をトリミングしよう

写真によけいなものが写り込んでいる場合や、被写体が横にずれている場合
などは、写真をトリミングしてよけいな部分を切り取って調整する方法があ
ります。ここでは、写真の下の不要な部分を取り除きます。

画像をトリミングしよう

1 写真をクリックして選択します。

2 [図の形式] タブの [トリミング] をクリックします。

3 トリミングハンドルが表示されます。

4 トリミングハンドルにマウスポインターを移動します。

5 トリミングハンドルを写真の内側に向かってドラッグします。

6 写真以外の場所をクリックします。

7 写真の下のほうが取り除かれました。

Memo

トリミングした部分を元に戻す

トリミングした部分を元に戻すには、写真をクリックして［図の形式］タブの［トリミング］をクリックします。トリミングハンドルが表示されたら、トリミングした箇所のトリミングハンドルを写真の外側に向かってドラッグして元に戻します。

画像を編集しよう

写真をキレイに見せるために、写真を加工する方法を知っておきましょう。
ここでは、写真の周囲に飾りの枠を付けたり、写真の色合いなどを変更します。明るさやコントラストを指定することもできます。

1 画像の周囲に枠を付けよう

1 写真をクリックして選択します。

2 [図の形式] タブの [クイックスタイル] をクリックします。

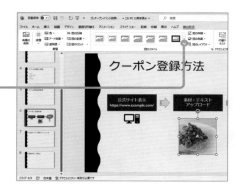

3 飾り枠の種類を選んでクリックします。

② 画像の色合いを変更しよう

1 写真をクリックして選択します。

2 [図の形式] タブの [色] をクリックします。

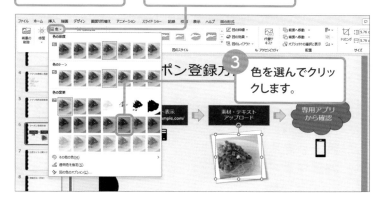

3 色を選んでクリックします。

4 色が変わりました。

Memo

色を元の状態に戻す

写真の色を元の状態に戻すには、手順❸で [色の変更] から [色変更なし] をクリックします。ここでは、色は元に戻して次の操作に進んでいます。

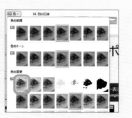

③ 明るさやコントラストを指定しよう

1 写真をクリックして選択します。

2 [図の形式] タブの [修整] をクリックします。

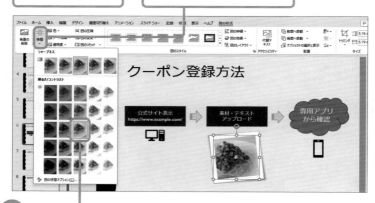

3 明るさやコントラストの組み合わせにマウスポインターを移動すると、変更イメージを確認できます。

明るさは右にいくほど明るく、コントラストは下にいくほど高くなります。

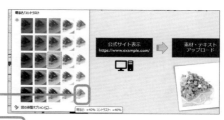

4 明るさやコントラストの組み合わせをクリックして変更します。ここでは、変更しないので、スライド内をクリックして操作をキャンセルします。

背景を削除する

写真の被写体の背景を消すには、背景削除の機能を使います。
写真を選択して、[図の形式]をクリックして[背景の削除]
をクリックします。すると、背景部分が紫色になります。

背景でない部分が背景と見なされた場合は、[背景の削除]タ
ブの[保持する領域としてマーク]をクリックして背景でない
部分をクリック、またはドラッグして指定します。逆に、背景
なのに背景と認識されない場合は、[背景の削除]タブの[削
除する領域としてマーク]をクリックして背景の部分をクリッ
ク、またはドラッグして指定します。[変更を保持]をクリッ
クすると、背景が削除されます。

背景と被写体の色などが明確に異なると、背景部分をうまく削
除できます。うまく削除できない場合は、画像編集アプリなど
を使用して写真を加工するのも1つの方法です。

28 複数の図形をまとめて操作しよう

図形を組み合わせて図を作成したあと、1つの図として扱うには、図形をグループとしてまとめる方法があります。グループ化した図形は、まとめて移動したり大きさを変更したりできます。

図形をグループ化しよう

1 グループ化する複数の図形を選択します。ここでは、選択する図形全体を囲むように斜めにドラッグします。

2 複数の図形が選択されます。

3 [図の形式] タブの [グループ化] をクリックし、[グループ化] をクリックします。

4 すると、図形がグループ化されます。

Memo

個別の図形を扱う

グループ化した状態でも、個々の図形を選択して操作できます。
それには、グループ化したいずれかの図形をクリックしたあと、
選択する図形をクリックします。選択した図形の色を変更した
り移動したりできます。

② グループ化した図形を移動しよう

1 グループ化した図形をク
リックします。

2 グループ化した図形の外枠部分をドラッグす
ると、複数の図形を一度に移動できます。

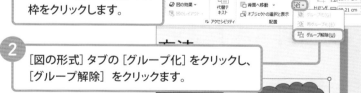

③ グループ化を解除しよう

1 グループ化した図形の外
枠をクリックします。

2 [図の形式] タブの [グループ化] をクリックし、
[グループ解除] をクリックます。

3 グループ化した図形
が解除されます。

SmartArtを挿入しよう

SmartArtの機能を使うと、ビジネスでよく使う図をかんたんに描くことができます。図の内容は、箇条書きで文字を入力するだけです。図形を描いたりする手間なく図を作成できて便利です。

1 SmartArtを追加しよう

① SmartArtを追加するスライド（ここでは「3」）をクリックします。

② コンテンツを入れるプレースホルダーの［SmartArtグラフィックの挿入］をクリックします。

③ ［リスト］をクリックして［横方向箇条書きリスト］をクリックします。

④ ［OK］をクリックします。

Memo

［挿入］タブから追加する

SmartArtは、［挿入］タブの［SmartArt］をクリックして追加することもできます。

② SmartArtの内容を指定しよう

1 SmartArt が表示されます。

2 テキストウィンドウの 1 行目をクリックします。

Memo

テキストウィンドウ

テキストウィンドウが表示されていない場合は、[SmartArt の
デザイン] タブの [テキストウィンドウ] をクリックします。

3 文字を入力します。

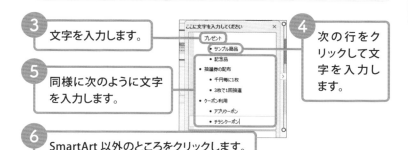

ここに文字を入力してください

- プレゼント
  - サンプル商品
  - 記念品
- 抽選券の配布
  - 千円毎に1枚
  - 3枚で1回抽選
- クーポン利用
  - アプリクーポン
  - チラシクーポン

4 次の行をクリックして文字を入力します。

5 同様に次のように文字を入力します。

6 SmartArt 以外のところをクリックします。

Memo

図形を増やす

最終行の末尾で Enter キーを押すと、次の行に文字カーソル
が移動します。 Shift ＋ Tab キーを押すと、箇条書きの項目の
レベルが上がり図形が追加されます。項目を入力後 Enter キー
を押すと、次の行に文字カーソルが移動します。 Tab キーを押
すと、箇条書きの第 2 レベルの項目を入力できます。

SmartArtを編集しよう

SmartArtの内容を編集します。ここでは、図形の順番を変更したり、箇条書きの文字のレベルを変更したりしてみましょう。図形を描いたり削除したりすることなくかんたんに編集できます。

1 図形の順番を変更しよう

1 SmartArtをクリックします。

3 [SmartArtのデザイン] タブの [下へ移動] をクリックします。

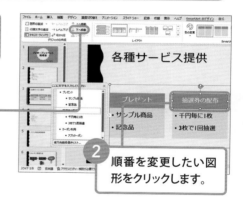

2 順番を変更したい図形をクリックします。

4 図形が移動します。下の階層の項目もいっしょに移動します。

② レベルを変更しよう

① レベルを変更する図形をクリックします。

② [SmartArt のデザイン] タブの [レベル下げ] をクリックします。

③ レベルが変更されます。

⑤ [SmartArt のデザイン] タブの [レベル上げ] をクリックします。

④ レベルを上げる項目をクリックします。

⑥ レベルが変更されます。

⑦ レベルが元に戻ります。

⑧ SmartArt 以外をクリックします。

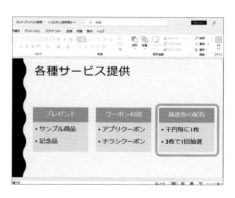

SmartArtのデザインを変更しよう

SmartArtの見栄えを整えます。SmartArtを選択して［SmartArtのデザイン］タブから指定します。ここでは、色の変更方法をおさえましょう。また、［SmartArtスタイル］を使えば、デザインをまとめて指定できます。

1 色を変更しよう

1 SmartArtをクリックして選択します。

2 ［SmartArtのデザイン］タブの［色の変更］をクリックします。

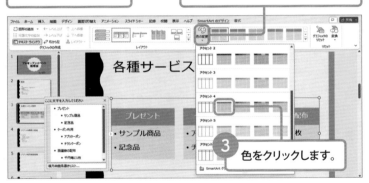

3 色をクリックします。

4 色が変わりました。

② SmartArtのスタイルを選ぼう

① SmartArt をクリックして選択します。

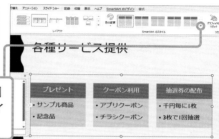

② [SmartArt のデザイン] タブの [クイックスタイル] をクリックします。

③ スタイルを選んでクリックします。

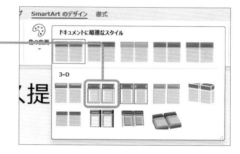

④ スタイルが変わります。

Memo 元のスタイルに戻す

SmartArt のスタイルを元に戻すには、手順③で左上の「シンプル」のスタイルを選択します。ここでは、「シンプル」を選択した状態で次の操作に進みます。

Section

32 テキストをSmartArtに 変更しよう

プレースホルダーに箇条書きの文字を入力しているときは、その文字をもとに SmartArt を作成できます。プレースホルダーを選択して SmartArt に変換します。変換するときに、SmartArt の図のパターンを選択できます。

⎤ テキストをSmartArtに変更しよう

1 箇条書きの文字が入力されているスライド（ここでは「4」）をクリックします。

2 箇条書きの文字のプレースホルダー内をクリックします。

3 文字の上を右クリックします。

4 ［SmartArt に変換］をクリックし、［縦方向箇条書きリスト］をクリックします。

5 SmartArt が表示されます。

6 前の Section の方法で、SmartArt の色を変更します。

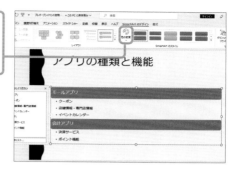

7 SmartArt 以外をクリックします。

8 SmartArt が表示されます。

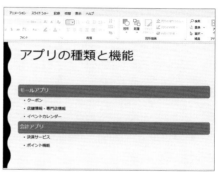

ほかの種類を作成する

簡条書きのテキストを SmartArt に変換するとき、ショートカットメニューに表示されていないものを選択するには、手順❹の画面で[その他の SmartArt グラフィック]をクリックします。すると、SmartArt の図を選択する画面が表示されます。

図解の図やSmartArtの分類について

SmartArt の機能を利用すると、ビジネスの場でよく使われる図をかんたんに作成できます。図には、箇条書きの項目を列記するもの、手順や進行、循環やくりかえし、関係性や階層構造、分散や結合などの構造をわかりやすく伝える図などが用意されています。最初に、内容の分類を選択します。同じ図でも複数の分類に表示されるものもあります。次に、図の種類を選択すると、右下に図の詳細が表示されます。図の特徴やレベルの有無、項目数の制限などを確認し、伝えたい内容をうまく説明できる図になるか検討しましょう。

分類	おもな内容
すべて	分類ごとにすべての種類が表示されます。
リスト	複数の項目を表します。箇条書きを見やすく表示する図、物事の順番や段階を示す図などもあります。
手順	物事の手順や進行、段階を示します。複数のものを1つにまとめる様子を示す図などもあります。
循環	物事やくりかえしの流れを示します。1つのものが複数のものへと分散する様子を示す図などもあります。
階層構造	組織図を作成します。階層関係や、意思決定の流れを示す図などもあります。
集合関係	物事の関係性や対立構造、バランス、長所や短所を示します。商品などのターゲットを表す図もあります。また、複数のものを1つにまとめたり、逆に1つのものが分散したりする様子を示す図などもあります。
マトリックス	物事を構成する複数の項目や関係を示します。
ピラミッド	三角形の形で項目の階層構造や関係を示します。
図	写真などの画像を挿入できる図を表示します。

Chapter

4

表やグラフを作成しよう

Section

33 表を挿入しよう

細かい情報は、表にまとめるとわかりやすく整理できます。スライドに表を追加して、文字を入力します。Tab キーで文字カーソルを移動しながら文字を入力しましょう。なお、表の1つひとつのマス目のことをセルといいます。

1 表を挿入しよう

1 表を挿入するスライド（ここでは「7」）をクリックします。

公式サイト公開スケジュール

2 コンテンツを入れるプレースホルダーの[表の挿入]をクリックします。

3 [列]と[行]の数（ここでは「2」と「6」）を入力して[OK]をクリックします。

表の挿入	?	×
列数(C):	2	▲▼
行数(R):	6	▲▼
OK		キャンセル

Memo

[挿入]タブから挿入する

[挿入]タブの[表]をクリックしても表を挿入できます。2列6行の表を作成するには、左から2列目、上から6つめのマス目をクリックします。

2 セルを移動しながら文字を入力しよう

1 左上のセルをクリックして文字を入力します。

2 Tab キーを押します。

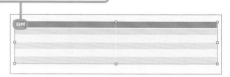

3 文字カーソルが移動します。

4 文字を入力し Tab キーを押す操作をくりかえして表に文字を入力します。

3 行を追加しながら文字を入力しよう

1 右下のセルに文字を入力後、Tab キーを押します。

2 新しい行が追加されます。

3 文字を入力します。

表を編集しよう

表の行や列は、あとから削除したり追加したりできます。削除するときは、対象の行や列をクリックした状態で操作します。行や列を追加するときは、追加したい行や列に隣接する行や列をクリックした状態で操作します。

1 行や列を削除しよう

1 削除する行（列）（ここでは6行目内）のいずれかをクリックします。

2 [レイアウト] タブの [削除] をクリックして [行の削除] をクリックします。

3 行が削除されました。

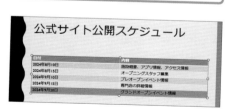

Memo

表を削除する

表内をクリックし、[レイアウト] タブの [削除] ― [表の削除] をクリックすると表全体が削除されます。

② 行や列を追加しよう

1 追加したい列に隣接する列をクリックします。

2 [レイアウト] タブの [右に列を挿入] をクリックします。

公式サイト公開スケジュール

日付	内容
2024年8月10日	施設概要、アプリ情報、アクセス情報
2024年8月15日	オープニングスタッフ募集
2024年9月10日	プレオープンイベント情報
2024年9月15日	専門店の詳細情報
2024年9月20日	グランドオープンイベント情報

3 列が追加されます。

公式サイト公開スケジュール

日付	内容	事前準備
2024年8月10日	施設概要、アプリ情報、アクセス情報	
2024年8月15日	オープニングスタッフ募集	2024年8月10日まで募集項目登録
2024年9月10日	プレオープンイベント情報	2024年8月30日までプレゼント情報登録、アプリクーポン登録、チラシ掲載クーポン登録
2024年9月15日	専門店の詳細情報	2024年9月10日まで詳細情報登録
2024年9月20日	グランドオープンイベント情報	※未定

4 追加された列のセルをクリックして文字を入力します。

Memo

列幅を変更する

列幅を変更するには、列の右の境界線にマウスポインターを移動して、左右にドラッグします。

表の色合いや文字の色など表全体のデザインをまとめて変更するには、表の
スタイルを指定します。また、オプションを指定すると、表のタイトル行や
最後の列などを強調したり、1行おきに色を付けたりすることができます。

1 表の書式をまとめて変更しよう

1 表内をクリックします。

2 [テーブルデザイン] タブの [テーブルスタイル] をクリックします。

3 スタイルを選びクリックします。

Memo 指定したセルを強調する

表内の指定したセルに色を付けて強調するには、セル内をクリックして [テーブルデザイン] タブの [塗りつぶし] の [▼] をクリックして色を選択します。

② 特定の行列のみ書式を指定しよう

1 表内をクリックします。

2 [表スタイルのオプション] から [最後の列] をクリックします。

3 右端の列が強調されました。

文字の配置を変更する

文字の配置を変更するには、配置を変更する行や列、セルを選択し、[レイアウト] タブの [左揃え] [中央揃え] [右揃え] [上揃え] [上下中央揃え] [下揃え] をクリックします。行を選択するには、行の左端、列を選択するには列の上端、セルを選択するには、セルの左下隅をクリックします。

グラフを作成しよう

グラフを活用すると、数値データの大きさの違いや推移、割合を瞬時に伝えられます。PowerPoint では、さまざまな種類のグラフを作成できます。ここでは、折れ線グラフを使って、数値の推移がわかるようにします。

1 グラフを作成しよう

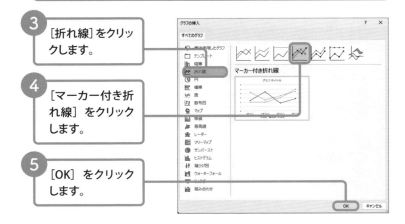

1 グラフを挿入するスライド（ここでは「5」）をクリックします。

2 コンテンツを入れるプレースホルダーの［グラフの挿入］をクリックします。

3 ［折れ線］をクリックします。

4 ［マーカー付き折れ線］をクリックします。

5 ［OK］をクリックします。

［挿入］タブから挿入する

［挿入］タブの［グラフ］をクリックしてもグラフを挿入でき
ます。

6 グラフのもとにな
る仮の表が表示
されます。

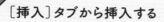

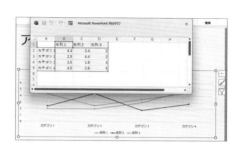

7 表の内容を書き
換えます。

8 表の右下の青いハンドルを表の右端の
列の下までドラッグします。

9 列幅を変更する
には、列番号の
右側境界線をド
ラッグします。

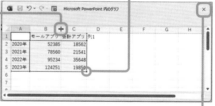

10 ［閉じる］をクリックします。

11 グラフが表示さ
れます。

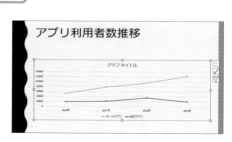

37 グラフのデータを
修正しよう

グラフのデータや数値の表示形式を変更します。表示形式を変更すると、グ
ラフの縦軸の数値の表示や、このあとの操作で追加するデータラベルの数値
の表示が変わります。ここでは、数値に桁区切りのカンマを表示します。

1 データを編集しよう

1 グラフ内をクリック
クします。

2 [グラフのデザイン]
タブの [データの編
集] をクリックします。

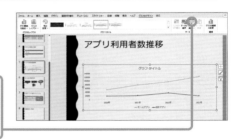

3 [Microsoft PowerPoint
内のグラフ] ウィンドウ
が表示されます。

4 修正するセル (ここでは「会
計アプリ」の「2023 年」
の利用者数) をクリックし
て数値 (ここでは「49851」)
を入力します。

	A	B	C	D
1		モールアプリ	会計アプリ	列1
2	2020年	52385	18562	
3	2021年	78560	21541	
4	2022年	95234	35648	
5	2023年	124251	49851	
6				
7				

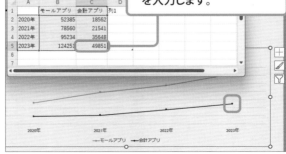

② 数値の表示形式を変更しよう

1 数値が入力されているセル範囲をドラッグして選択します。

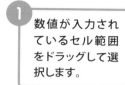

2 選択したセルの上で右クリックします。

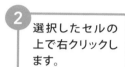

3 [セルの書式設定] をクリックします。

4 [数値] をクリックします。

5 [桁区切り (,) を使用する] をクリックします。

6 [OK] をクリックします。

7 [Microsoft PowerPoint 内のグラフ] ウィンドウの [閉じる] をクリックします。

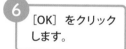

8 前のページで修正したデータがグラフに反映されます。

9 縦軸の数値に桁区切りカンマが表示されます。

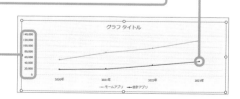

38 グラフのレイアウトや色を
変更しよう

グラフのレイアウトを選択すると、グラフのタイトルや凡例の配置などが変わります。ここでは、グラフタイトルはなしで、凡例は右側に表示されるタイプのレイアウトを選択します。また、グラフの色も指定します。

1 グラフのレイアウトを変更しよう

1 グラフの外枠をクリックしてグラフを選択します。

2 [グラフのデザイン] タブの [クリックレイアウト] をクリックし、右下の [レイアウト 12] をクリックします。

3 グラフのレイアウトが変わりました。

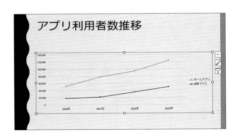

2 グラフの色を変更しよう

1 [グラフのデザイン] タブの [色の変更] をクリックします。

2 [モノクロ パレット 4] をクリックします。

3 グラフの色が変わりました。

4 グラフ以外をクリックします。

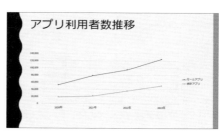

Chapter
4

表やグラフを作成しよう

Hint

グラフのスタイルを指定する

グラフ全体のデザインを変更するには、[グラフのデザイン] タブの [クイックスタイル] をクリックしてグラフのスタイルを指定する方法もあります。グラフの背景の色や縦軸の表示方法などをまとめて変更できます。

Section 39 グラフに表示する内容を変更しよう

グラフは、さまざまな部品で構成されています。この部品をグラフ要素といいます。ここでは、作成したグラフに元の表のデータを表示するために、データラベルを追加します。グラフ要素の一覧から選択します。

1 グラフ要素を追加しよう

1 グラフの外枠をクリックしてグラフを選択します。

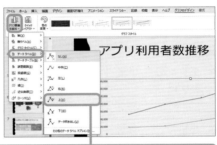

2 [グラフのデザイン] タブの [グラフ要素を追加] をクリックし、[データラベル] － [上] をクリックします。

3 グラフに元の表の数値が表示されました。

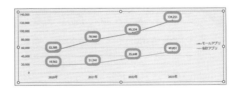

> **Memo**
>
> ### グラフ要素を削除する
>
> 表示しているグラフ要素を削除するには、削除するグラフ要素を選択して Delete キーを押します。

軸ラベルを表示する

Memo

グラフの縦軸の軸ラベルを追加するには、手順❷の画面で［軸
ラベル］―［第1縦軸］をクリックします。軸ラベルが表示さ
れたら、軸ラベル内をクリックして文字を入力します。軸ラベ
ルの文字の方向は、軸ラベルを選択して［ホーム］タブの［文
字列の方向］から指定します。また、軸ラベルの外枠や、プロッ
トエリア（117ページ参照）の外枠をドラッグして配置を整え
ます。

円グラフでパーセントや項目名を表示する

Memo

円グラフでは、売上構成比などの数値の割合を示します。グラ
フを見やすくするには、データラベルを利用して項目名やパー
セントを表示するとよいでしょう。それには、手順❷で［デー
タラベル］―［その他のデータラベルオプション］をクリック
します。続いて表示される画面で［値］のチェックを外して［分
類名］や［パーセンテージ］のチェックを付けます。また、［ラ
ベルの位置］欄で表示する場所を指定します。

Section 40 見やすくなるように グラフを整えよう

グラフを作成した直後は、グラフ内の文字が小さかったり、データを示す線が細かったりして弱々しい印象に見える場合があります。見やすくなるようにグラフを整えましょう。書式を変更するグラフ要素を選択して操作します。

1 線の太さを変更しよう

1 折れ線グラフの上の線をクリックして選択します。

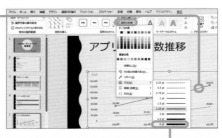

2 [書式] タブの [図形の枠線] をクリックし、[太さ] ― [6pt] をクリックします。

3 線の太さが太くなりました。

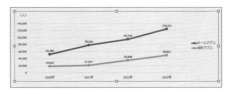

4 同様の方法で、下の線の太さも太くします。

2 フォントのサイズを変更しよう

① グラフの外枠をクリックしてグラフを選択します。

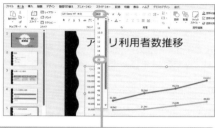

② [ホーム] タブの [フォントサイズ] をクリックして「20」をクリックします。

③ 文字の大きさが変わりました。

④ グラフのデータ部分が表示されるプロットエリアを選択します。

⑤ プロットエリアの外枠に表示されるサイズ変更ハンドルをドラッグして配置を調整します。

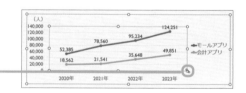

⑥ グラフの見た目を修正できました。

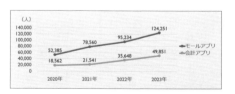

Excelから表やグラフを挿入しよう

表やグラフは、Excelで作成するほうが慣れている方も多いでしょう。すでにExcelで作成した表やグラフがある場合は、Excelの表やグラフをスライドに貼り付けましょう。貼り付け方法には、いくつかの種類があります。

1 Excelのグラフを挿入しよう

1 Excelのファイルを開き、グラフをクリックします。

2 [ホーム] タブの [コピー] をクリックします。

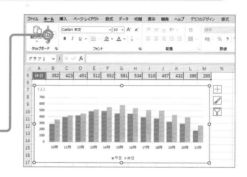

3 グラフを挿入したいPower Pointファイルを開きます。

4 グラフを貼り付けるスライド（ここでは「8」）をクリックします。

5 コンテンツを入れるプレースホルダーの外枠をクリックして選択します。

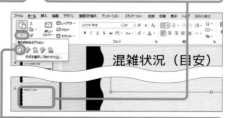

混雑状況（目安）

6 [ホーム] タブの [貼り付け] の下の [▼] をクリックし、[貼り付け先のテーマを使用しブックを埋め込む] をクリックします。

2 フォントサイズを変更しよう

1 グラフの外枠をク
リックしてグラフ
を選択します。

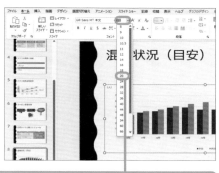

2 [ホーム]タブの[フォントサイズ]をクリックし、サイズ(ここでは「20」)
をクリックすると、グラフの文字の大きさが変わります。

Hint

リンク貼り付け

グラフを貼り付けるときに、[貼り付け先テーマを使用して
データをリンク] などで、リンク貼り付けを選択すると、も
との Excel ファイルと関連付けが設定されます。すると、も
との Excel ファイルでグラフのデータが変更されたときに、
PowerPoint に貼り付けたグラフもその変更が反映されます。
リンク情報の設定や更新は、グラフを貼り付けた PowerPoint
ファイルの Backstage ビューを表示して [情報] をクリックし、
右下の [ファイルへのリンクの編集] をクリックすると表示さ
れる画面で指定できます。

グラフの種類とグラフの選びかたについて

数値を視覚化してわかりやすく伝えるために、グラフの利用は欠かせません。PowerPoint では、さまざまなグラフの種類を作成できますが、瞬時にグラフの内容を理解してもらうには、一般的で見慣れたグラフの種類を使うとよいでしょう。伝えたい内容に合わせて選択します。また、立体的な 3D グラフなどは、数値の大きさや割合の違いがわかりづらいこともあります。シンプルで見やすい種類を選びましょう。

基本的なグラフの種類

種類	目的	内容
棒グラフ	大きさの比較	項目ごとの数値の大きさを、棒の長さで示します。項目の順番に特に意味がない場合は、もとの表の数値を大きい順に並べると見やすくなります。また、項目の文字数が長くて見づらい場合は、棒を横向きに並べる横棒グラフを使うのも 1 つの方法です。
折れ線グラフ	推移の表示	年や月単位の数値の推移を、線の向きで示します。1 つのグラフで多くの項目を入れると線の動きが見づらくなるので注意します。また、線が交差する場合は、線を色分けするなどして線の違いがわかるようにします。
円グラフ	割合の表示	1 つの円を 100%と見なし、数値の割合を、円を構成する扇の形の大きさで示します。一般的には、もとの表の数値を大きい順に並べて、時計回りに、割合の大きい順に項目が並ぶようにします。また、円の周囲に項目やパーセントを表示すると見やすくなります（115 ページ参照）。

グラフを作成したあとは、注目してほしい箇所に色を付けたり、強調したい数値を目立たせたりして、聞き手の視線が集まるように工夫します。グラフを選択した状態で、引き出し線の図形などを追加すれば、伝えたい内容を文字で補足できます。

Chapter

5

アニメーションを追加しよう

Section

画面切り替え効果を設定しよう

プレゼンテーション本番では、スライドを1枚ずつ順番に表示します。画面切り替え効果を設定すると、スライドを切り替えるときの動きを指定できます。ここでは、前のスライドが左から右へ消える動きを付けます。

1 画面切り替え効果を設定しよう

画面切り替え効果を設定するスライド（ここでは「2」）をクリックします。

[画面切り替え] タブの [切り替え効果] をクリックします。

[アンカバー] をクリックします。

[効果のオプション] をクリックし、[左から] をクリックします。

★のマークが表示される

画面切り替え効果やアニメーション効果を設定すると、スライドのサムネイルの番号の下に★の印が表示されます。★の印をクリックすると、動きを確認できます。

2 画面切り替え効果を確認しよう

1 [画面切り替え]
タブの[画面切り替えのプレビュー]をクリックします。

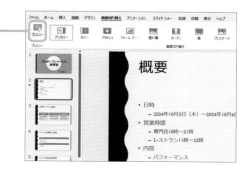

2 画面切り替え効果の動きを確認できます。

3 [すべてに適用]
をクリックします。

すべてに適用

[すべてに適用]をクリックすると、すべてのスライドに同じ画面切り替え効果が設定されます。

Section 43 アニメーションの種類を知ろう

プレゼンテーションを実行して説明をするときは、スライドの文字やグラフ、図や写真などを、説明のタイミングに合わせて表示したり、強調したり、消したりできます。アニメーション効果を設定して動きを指定します。

1 アニメーションの種類を知ろう

文字や図形を動かすアニメーションには、おもに4つの種類があります。もっともよく使うのは、「開始」です。「開始」のアニメーション効果を利用すると、何も表示されていない状態から、文字やグラフなどを順に表示できます。

アニメーションの種類

種類	内容
開始	文字や図形などが登場するときの動きを指定します。
強調	文字や図形などを強調するときの動きを指定します。
終了	文字や図形などをスライドから消すときの動きを指定します。
アニメーションの軌跡	A地点からB地点まで移動するときの軌跡を指定します。

2 アニメーションの設定方法の例

アニメーションを設定するには、[アニメーション]タブを使用します。たとえば、アニメーションを設定する対象を選択し、[アニメーション]タブの[アニメーションスタイル]をクリックします。

「開始」や「強調」、「終了」などのアニメーション効果を設定できます。

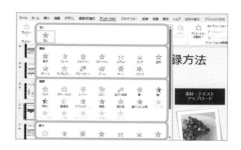

Memo アニメーションを組み合わせる

アニメーションの動きは、組み合わせて設定することもできます。たとえば、[開始]の動きを設定したあと、[強調]の動きを指定して、[終了]の動きを設定できます。すると、文字や図形などが登場し、目立つ動きをして、スライドから消えていきます。動きを組み合わせるには、[アニメーション]タブの[アニメーションの追加]をクリックして動きを指定します。

③ ビジネスで使うアニメーションの種類とは？

ビジネスの場では、あまり派手なアニメーションは好まれません。「開始」のアニメーションでは、次のようなものがよく使われます。

開始のアニメーション効果例

効果	内容
表示	テキストや図形などが瞬時に現れます。
フェード	テキストや図形などがじわじわと現れます。
スライドイン	テキストや図形などがスライドの端からすべるように現れます。
ワイプ	テキストや図形などが端から徐々に現れます。

44 文字にアニメーション効果を設定しよう

箇条書きで書いた項目の内容を表示するときは、最初にすべての項目を表示せずに、1つずつ順に表示しながら説明をする方法があります。聞き手には、文字を読むことよりも説明に耳を傾けてもらえるように工夫します。

1 文字を順番に表示しよう

1 箇条書きのスライド（ここでは「2」）をクリックします。

2 箇条書きが入力されているプレースホルダーの外枠をクリックします。

3 ［アニメーション］タブの［アニメーションスタイル］をクリックします。

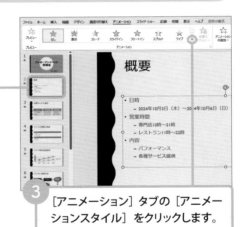

4 「開始」の［ワイプ］をクリックします。

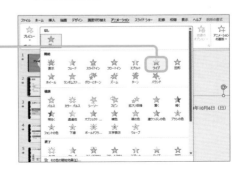

② アニメーションの動きを確認しよう

① アニメーションを設定すると、どの順番でアニメーションが設定されているか文字や図形の横に数字が表示されます。

② [アニメーション]タブをクリックすると、数字を確認できます。

③ [アニメーションのプレビュー]をクリックします。

④ アニメーションの動きのイメージが表示されます。

Memo スライドショーの実行

プレゼンテーション本番は、スライドショーの表示モードでスライドを表示します。スライドショーでアニメーションの動きを確認する方法は、154ページで紹介しています。

文字をどこから表示するか指定しよう

設定したアニメーションによっては、[効果のオプション] を選択することで、動きの方向などを指定できます。ここでは、文字が左から順に表示されるようにします。先頭から表示することで、文字が読みやすくなります。

1 アニメーションの方向を設定しよう

1 箇条書きが入力されているプレースホルダーの外枠をクリックします。

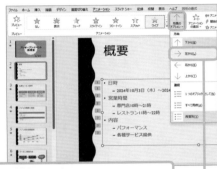

2 [アニメーション] タブの [効果のオプション] をクリックし、[左から] をクリックします。

3 文字が表示される様子が表示されます。

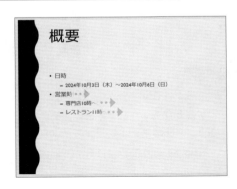

2 アニメーションの単位を設定しよう

1 [アニメーション] タブの [効果の オプション] をク リックし、[段落 別] が選択され ていることを確認 します。

2 [アニメーション] タ ブの [アニメーショ ンのプレビュー] を クリックします。

3 段落ごとに項目が表 示される様子が表示 されます。

Memo

効果のオプションの設定

ここで紹介した文字のアニメーションでは、効果のオプション で、文字をどの順番で表示するかを指定できます。

項目	内容
1つのオブジェ クトとして	箇条書きのプレースホルダー全体を一度に表示しま す。
すべて同時	すべての箇条書きの項目に対して、同じタイミングで 表示するアニメーション効果を設定します。
段落別	「1つめの第1レベルの段落とその下の階層のレベルの 段落」「次の第1レベルの段落とその下の階層のレベ ルの段落」……のように階層単位で順に表示します。

グラフにアニメーション効果を設定しよう

グラフにもアニメーション効果を設定できます。たとえば、数値の大きさの違いや推移などを伝えるときに、グラフの内容を順番に表示しながら、数値データの裏に隠れる背景や問題点などを説明できます。

1 グラフにアニメーション効果を設定しよう

1 グラフを追加したスライド（ここでは「5」）をクリックし、グラフをクリックします。

2 [アニメーション]タブの[アニメーションスタイル]をクリックします。

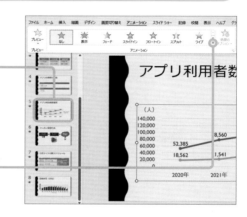

3 [開始]の[ワイプ]をクリックします。

ワイプとは

[ワイプ]とは、文字や図形、項目などが端から徐々に表示される動きです。

② 動きの方向などを指定しよう

① アニメーション効果を設定したグラフをクリックします。

② [アニメーション]タブの[効果のオプション]をクリックします。

③ [方向]の[左から]をクリックします。

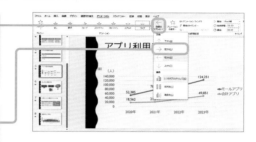

④ [アニメーション]タブの[効果のオプション]をクリックします。

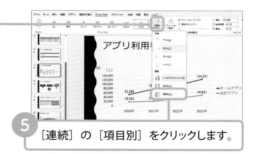

⑤ [連続]の[項目別]をクリックします。

方向について

設定したアニメーションの動きによっては、効果のオプションの「方向」欄で、動きの方向を指定できます。折れ線グラフでデータの推移を示す場合は、過去の数値から順に表示されるように「左から」を選択するとよいでしょう。また、棒グラフで、棒が下から伸びてくるような動きを付ける場合は、「下から」を選択します。

③ アニメーションの動きを確認しよう

1 [アニメーション] タブの [アニメーションのプレビュー] をクリックします。

2 アニメーションの動きのイメージが表示されます。

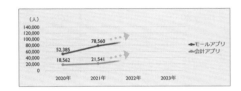

Memo アニメーションの動きを削除する

アニメーションをなしにするには、アニメーションを設定したプレースホルダーなどをクリックし、[アニメーション] タブの [アニメーション] の一覧から「なし」をクリックします。

Memo 効果のオプションの設定

ここで設定したグラフのアニメーションでは、効果のオプションで、グラフをどの順番で表示するかを指定できます。

項目	内容
1つのオブジェクトとして	折れ線グラフ全体を一度に表示します。
系列別	同じデータ系列の線をまとめて表示します。ここで表示したグラフの場合「モールアプリ」「会計アプリ」の順に表示します。
項目別	同じ項目のデータをまとめて表示します。ここで表示したグラフの場合「2020年」「2021年」……の順に表示します。

棒グラフの場合

ここでは、折れ線グラフにアニメーションを設定しましたが、棒グラフの場合は、効果のオプションを設定するとき、グラフをどの順番で表示するか「系列の要素別」や「項目の要素別」を指定できます。たとえば、棒が項目ごと下から伸びてくるような動きを指定できます。

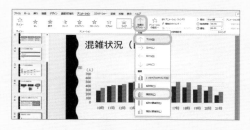

項目	内容
1つのオブジェクトとして	棒グラフ全体を一度に表示します
系列別	同じデータ系列の棒をまとめて表示します。上の例では「平日」「休日」の順に表示します
項目別	同じ項目の棒をまとめて表示します。上の例では「10時」「11時」……の順に表示します
系列の要素別	同じデータ系列の棒を1本ずつ表示します。上の例では「10時の平日」「11時の平日」……「10時の休日」「11時の休日」……の順に表示します
項目の要素別	同じ項目の棒を1本ずつ表示します。上の例では「10時の平日」「10時の休日」……「21時の平日」「21時の休日」……の順に表示します

SmartArtにアニメーション効果を設定しよう

SmartArt で作成した図は、かんたんにアニメーション効果を設定できます。
ここでは、3 つの図形を含む SmartArt にアニメーション効果を設定します。
図形を端から 1 つずつ表示しながら説明できるようにします。

1 図形を順番に表示しよう

① SmartArt を作成
したスライド（こ
こでは「3」）を
クリックします。

② SmartArt が追加
されているプレー
スホルダーの外
枠をクリックしま
す。

③ [アニメーション] タブの [アニメーショ
ンスタイル] をクリックします。

④ 「開始」の [フェー
ド] をクリックし
ます。

2 アニメーションの動きを確認しよう

1 どの順番でアニメーションが設定されているか文字や図形の横に数字が表示されます。

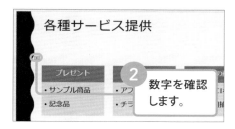

2 数字を確認します。

3 [アニメーション] タブの [アニメーションのプレビュー] をクリックします。

4 アニメーションの動きのイメージが表示されます。

3 図形を個別に表示しよう

1 SmartArt が追加されているプレースホルダーの外枠をクリックします。

2 [アニメーション] タブの [効果のオプション] をクリックします。

3 [個別] をクリックします。

△ アニメーションの動きを確認しよう

1 SmartArt 以外を
クリックします。

2 [アニメーション]
タブをクリックし
ます。

3 図形の横の数字
を確認します。

4 [アニメーション]
タ ブ の [ア ニ
メーションのプレ
ビュー] をクリッ
クします。

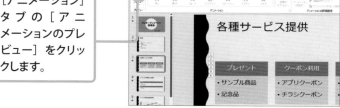

5 アニメーションの
動きのイメージ
が表示されます。

Memo 効果のオプションの設定

ここで紹介した SmartArt のアニメーションでは、効果のオプションで、図形をどの順番で表示するかを指定できます。それぞれ、次のような動きになります。

項目	内容
1つのオブジェクトとして	SmartArt 全体を一度に表示します。
すべて同時	すべての図形に対して、同じタイミングで表示するアニメーション効果を設定します。
個別	「第1レベル（A）の図形」「その下の階層のレベルの図形」「2つめの第1レベル（B）の図形」「その下の階層のレベルの図形」……のように1つずつ順に表示します。
レベル（一括）	「第1レベルのすべての図形」「第2レベルのすべての図形」……のようにレベルごと順に表示します。
レベル（個別）	「第1レベル（A）の図形」「2つめの第1レベル（B）の図形」……「第1レベル（A）の下の階層のレベルの図形」「第1レベル（B）の下の階層のレベルの図形」のように1つずつ順に表示します。

Memo 操作を元に戻す

間違った操作をしてしまった場合は、画面の左上の （［元に戻す］ボタン）を左クリックします。左クリックするたびに、さかのぼって操作をキャンセルできます。元に戻しすぎてしまった場合は、 （［やり直し］ボタン）を左クリックすると、操作を元に戻す前の状態に戻せます。なお、 は、 を押すと表示されます。 を押す前は、直前の操作を繰り返す （［繰り返し］ボタン）が表示されています。

図形にアニメーション効果を設定しよう

図形を組み合わせて作成した図にアニメーション効果を設定します。ここでは、複数の図形を選択し、3回に分けて図が表示されるようにします。図形を選択する操作とアニメーションの設定をくりかえします。

1 図形を順番に表示しよう

1 スライド（ここでは「6」）をクリックします。

2 図形の外枠をクリックします。

3 Shift キーを押しながらアイコンをクリックします。

4 ［アニメーション］タブで［フェード］をクリックします。

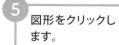
図形をクリックします。

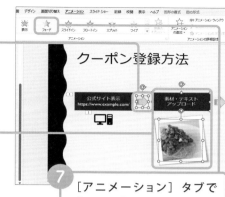

Shift キーを押しながら、図形と写真をクリックします。

[アニメーション] タブで [フェード] をクリックします。

図形をクリックします。

Shift キーを押しながら、図形とアイコンをクリックします。

[アニメーション] タブで [フェード] をクリックします。

Memo

アニメーションの再生のタイミング

アニメーション効果を設定すると、クリックしたタイミングで動きます。複数の図形を選択してアニメーションを設定した場合、同時に選択していた図形は、直前の動作と同時に動きます（次のページ参照）。そのため、複数の図形が同時に表示されます。

② 動きの順番などを確認しよう

1 [アニメーション] タブの [アニメーションウィンドウ] をクリックします。

2 [アニメーションウィンドウ] が表示されます。

3 どの順番でアニメーションが設定されているか文字や図形の横に数字が表示されています。

4 「3」の項目をクリックします。

5 [開始] 欄でアニメーションを再生するタイミングを確認します。

6 下の項目をクリックします。

7 [開始] 欄でアニメーションを再生するタイミングを確認します。

Chapter

6

プレゼンテーションをしよう

Section

発表者のノートを
追加しよう

ノートとは、各スライドで話す内容のメモを書いたものです。箇条書きで簡潔に記入しておくとよいでしょう。文章にしてしまうと、聞き手から目をそらして文章をそのまま読んでしまいがちになるので注意します。

1 ノートに入力しよう

1 ノートを入力するスライド（ここでは「1」）をクリックします。

2 ノート欄が表示されていない場合は、［ノート］をクリックします。

3 ノートとスライドの境界線部分にマウスポインターを移動し、上方向にドラッグします。

4 ノート欄が広がります。

5 スライドで話す内容のメモを入力します。

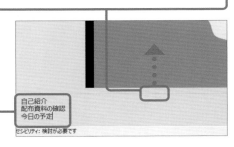

2 ノート欄を閉じよう

1 画面下の [ノート] をクリックします。

2 ノート欄が閉じます。

Memo ノート表示

[表示] タブの [ノート] をクリックすると、表示モードがノート表示になります。画面の上にスライド、下にノート欄が大きく表示されます。ノート表示では、ノート欄に入力した文字を大きくしたり色を付けたり、書式を設定して確認できます。

ノート欄

50 アクセシビリティを
チェックしよう

アクセシビリティチェックとは、だれにとってもわかりやすいスライドかを
チェックできる機能です。年齢や健康状態、障碍の有無、利用環境の違いな
どによって、伝わりづらい箇所があるかどうかを確認できます。

1 アクセシビリティチェックをしよう

1 [校閲] タブの [アクセシビリティ] をクリックします。

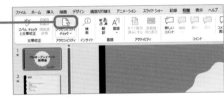

2 [アクセシビリティ] ウィンドウで検査結果を確認します。

Memo

[アクセシビリティ] タブ

アクセシビリティチェックをすると、[アクセシビリティ] タ
ブが表示され、アクセシビリティに対応したスライドを作成す
るために使用する操作のボタンなどが表示されます。

② 代替テキストを指定しよう

① チェックされた項目をクリックします。

② 右端の［▼］をクリックしておすすめアクション（ここでは「説明を追加」）をクリックします。

③ 図の説明を入力します。

④ ［×］をクリックします。

⑤ 同様の方法で、チェックされた項目を確認して説明を追加します。

Memo 代替テキスト

代替テキストとは、このスライドを他の形式で保存した場合など、何らかの原因で画像や図などを表示できなかったときに、かわりに表示する文字列を指定するものです。また、読み上げ機能などを使用した場合など、画像や図の内容を伝えるためにも使用されます。スライドや図を装飾するためだけに配置した線の図形など、読み上げる必要がない場合などは、［装飾用にする］をクリックします。

③ 読み取り順を指定しよう

1 チェックされた項目をクリックします。

2 右端の［▼］をクリックしておすすめアクション（ここでは「オブジェクトの順序を確認する」）をクリックします。

3 ［読み上げ順序］作業ウィンドウが表示されます。

4 項目をクリックして図形を確認し、［▲］［▼］ボタンをクリックして順番を指定します。

Memo 読み上げ順序

Web版のPowerPointでファイルを開くと、イマーシブリーダーという読み上げ機能を利用できます。ここでは、イマーシブリーダーのような「読み上げ機能」に対応するために、読み上げ順を指定しました。たとえば図を読み上げる場合、読み上げ順が違うと図の内容が正しく伝わらない可能性があります。必要に応じて読み上げ順を調整しましょう。

5 読み上げる順に沿って項目を並べます。

6 [×] をクリックします。

7 チェック内容を確認します。

8 [×] をクリックすると、元の画面に戻ります。

プレゼンテーションをしよう

Memo

アクセシビリティチェック

アクセシビリティとは、作成した資料や製品、サービスなどに対して、だれもがかんたんに理解して利用できる状態かどうかを意味するものです。年齢や健康状態、障碍の有無、利用環境の違いなどによって、伝わりづらい箇所がないかを判断する目安になります。

[アクセシビリティ] タブの [アクセシビリティのヘルプ] をクリックすると、アクセシビリティチェックに関するヘルプ画面が表示されます。

Section

51 表示しないスライドを
非表示にしよう

不要なスライドは削除できますが、あとでまた使う可能性がある場合はスライドを非表示にしておきましょう。必要になったら、かんたんに元に戻せます。非表示にしたスライドは、スライドショーでは表示されません。

1 スライドを非表示にしよう

1 非表示にするスライド（ここでは「4」）を右クリックします。

2 [非表示スライド] をクリックします。

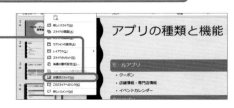

3 スライド番号に斜めの線が表示されます。

Memo

スライドショー時の非表示スライド

スライドショーの実行時、[スライドショー] タブの [最初から] をクリックすると、非表示スライドは表示されません。ただし、非表示スライドを選択した状態で、[スライドショー] タブの [現在のスライドから] をクリックした場合、非表示スライドもスライドが表示されるので注意してください。

② スライドを再表示しよう

① 非表示になっているスライド（ここでは「4」）を右クリックします。

② [非表示スライド]（[スライドの表示]）をクリックします。

③ スライド番号の斜めの線が消えて、再表示されます。

Memo

非表示スライドの印刷

非表示スライドを印刷するかどうかは、[印刷]画面の[設定]欄の[すべてのスライドを印刷]をクリックすると表示されるメニューで指定します。

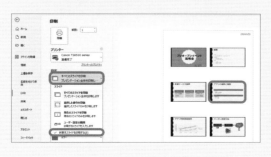

52 目的別のスライドショーを作成しよう

さまざまな場所でプレゼンテーションを行う場合は、持ち時間や聞き手に合わせてスライドの表示順や、表示スライドを変更したい場合もあるでしょう。ここでは、スライドの表示パターンを登録して利用する方法を紹介します。

1 目的別スライドショーを設定しよう

1 [スライドショー] タブの [目的別スライドショー] をクリックします。

2 [目的別スライドショー] をクリックします。

Hint

目的別スライドショー

目的別スライドショーとは、スライドショーで表示するスライドやスライドの表示順を指定して登録できる機能です。目的別スライドショーを利用すれば、1つのファイルで複数の表示パターンを登録できて便利です。

3 [新規作成] をクリックします。

4 スライドショーの名前を入力します。

5 表示するスライドをクリックします。

6 [追加] をクリックします。

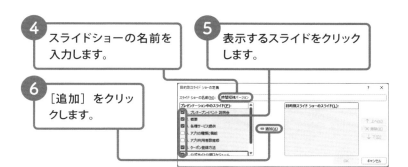

7 必要に応じて表示順を指定します。スライドをクリックして [上へ] [下] をクリックします。

8 [OK] をクリックします。

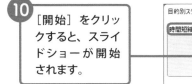

9 実行する目的別スライドショーをクリックします。

10 [開始] をクリックすると、スライドショーが開始されます。

Memo

目的別スライドショーの実行

次回、目的別スライドショーを実行するときは、[スライドショー] タブの [目的別スライドショー] をクリックし、実行する目的別スライドショーをクリックします。

53 リハーサルをしよう

プレゼンテーションの本番前には、リハーサルをして備えましょう。リハーサルでは、スライドをめくりながら説明をします。各スライドに費やす時間やプレゼンテーション全体の所要時間などを確認できます。

1 リハーサルを実行しよう

1 [スライドショー] タブをクリックします。

2 [リハーサル] を クリックします。

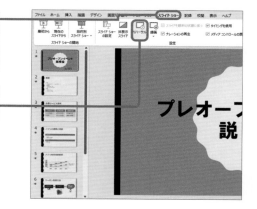

3 リハーサルが始まります。本番と同じようにスライドの内容を説明します。

4 クリックしてスライドをめくりながらリハーサルを進めます。

5 最後のスライドが終了すると、スライドを切り替えるタイミングを保存するかメッセージが表示されます。

6 ここでは、[いいえ] をクリックします。

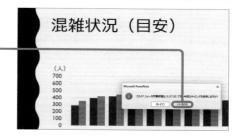

混雑状況（目安）

Memo

ツールバーが表示される

リハーサルを始めると、短い
ツールバーが表示されます。
表示しているスライドで話し
ている時間や全体の時間を確
認できます。

Hint

スライドを切り替えるタイミングを指定する

手順**6**で [はい] をクリックした場合は、リハーサルのタイミングでスライドが自動的にめくられる設定になります。設定を解除して、クリックしたタイミングでスライドを切り替えるには、[画面の切り替え] タブの [自動] のチェックを外して [すべてに適用] をクリックします。

54 スライドショーを開始しよう

プレゼンテーション本番では、スライドショーを実行して、伝えたい内容を
説明します。一般的には、先頭ページからスライドを表示します。スライド
を切り替えるときの動きや、アニメーションの動作などを確認しましょう。

1 スライドショーを開始しよう

1 [スライドショー]
タブの [最初か
ら] ボタンをク
リックします。

2 スライドショーが実行されて、1枚目のスライドが画面いっぱいに
大きく表示されます。

3 画面上をクリック
します。

4 次のスライドが表示されます。

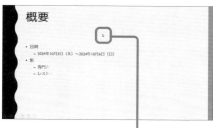

5 左クリックするたびに、スライドが切り替わったりアニメーションが実行されたりします。

6 最後のスライドに切り替えると、真っ黒の画面が表示されます。

7 画面上を左クリックすると、元の画面に戻ります。

Hint ヘルプ画面を活用する

スライドショーを実行中に右クリックし、[ヘルプ] をクリックすると、[スライドショーのヘルプ] 画面が表示されます。

スライドショー実行中に使える便利なショートカットキーなどが表示されますので、事前に確認しておくとよいでしょう。

2 ペンで文字を書こう

1 スライドショーの実行中に [Ctrl] + [P] キーを押します。

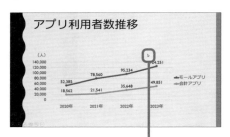

2 マウスポインターがペンに変わります。

3 ドラッグして、線を引いたりできます。[Ctrl] + [A] キーを押すと、マウスポインターの形が元に戻ります。

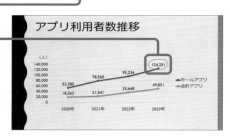

4 スライドショーの終了時、メッセージが表示されます。

5 ペンで描いた内容を保存するかどうか設定します。

6 ここでは、[破棄] をクリックします。

③ ナレーションを録音しよう

1 パソコンにマイクを接続しておきます。

2 [スライドショー] タブの [録画] の [▼] をクリックし、[先頭から] をクリックします。このあとの画面は、PowerPoint のバージョンなどによって若干異なります。

3 [記録] をクリックすると、記録が開始されます。

4 スライドショーを実行する感覚で説明をしながらプレゼンテーションを実行します。

5 ナレーションを録音すると、各スライドに音声や動画ファイルが追加されます。

Memo

ナレーションの録音

プレゼンターなしでスライドショーを実行したい場合などは、必要に応じてナレーションを記録しておきましょう。パソコンにカメラが接続されているときは、画像も録画できます。ナレーションを記録後にスライドショーを実行すると、記録内容が再生されます。[スライドショー] タブの [スライドショーの設定] をクリックすると、[スライドショーの設定] 画面が表示されます。[Esc キーが押されるまで繰り返す] のチェックをオンにすると、スライドショーを自動的に繰り返して実行できます。

プレゼンテーションをしよう

発表者用ツールを活用しよう

パソコンと、プロジェクターやモニターなどを接続してプレゼンテーションを実行すると、聞き手は、大きな画面でスライドを確認できます。発表者ツールを利用すると、自分のパソコンには、発表者専用の画面を表示できます。

1 発表者用ツールを表示しよう

1 あらかじめ、パソコンの画面をプロジェクターやモニターに映しておきます。

2 パソコン側で ⊞ キー＋ P キーを押します。

3 次の画面が表示されたら、[拡張] をクリックします。

4 [スライドショー] タブの [最初から] をクリックします。

② 発表者用ツールを活用しよう

① 発表者ツールの画面が表示されます。プロジェクターやモニターには、スライドが大きく表示されます。

次のスライドやアニメーションの情報

表示中のスライド

② [次のスライドを表示] をクリックします。

ノートの内容

③ [次のスライドを表示] をクリックして画面を進めていきます。

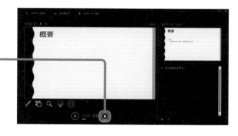

プレゼンテーションをしよう

Memo　発表者ツールが表示されない

発表者ツールが表示されない場合は、[スライドショー] タブの [発表者ツールを使用する] のチェックが付いているか確認します。また、モニターやプロジェクターなどと接続していない状態で、発表者ツールの画面を確認するには、スライドショーの画面で右クリックし、[発表者ツールを表示] をクリックします。

4 スライドショーの
最後の画面でク
リックすると、

5 元の画面に戻り
ます。プロジェク
ターやモニター
側にはデスクトッ
プの画面が表示
されます。

Hint 指定したスライドに切り替える

質疑応答の場面などで、スライドを指定したスライドに瞬時に
切り替えるには、発表者ツールの［すべてのスライドを表示し
ます］ボタンをクリックします。スライドの一覧が表示された
ら、大きく表示するスライドをクリックして指定します。

Chapter

7

ファイルを保存・印刷しよう

プレゼンテーションを
保存しよう

作成中のファイルを PowerPoint プレゼンテーションの形式で保存します。
一度保存したファイルは、ファイルの編集中に[上書き保存]ボタン（28
ページ参照）をクリックするだけでファイルを更新して保存できます。

ファイルを保存しよう

1 [ファイル]タブ
をクリックします。

2 [名前を付けて保
存]をクリックし
ます。

3 [参照]を
クリックし
ます。

4 ファイルの保存
先を指定します。

5 ファイル名を指定
します。

6 ファイルの種類
を確認します。

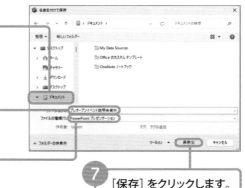

7 [保存]をクリックします。

2 保存したファイルを開こう

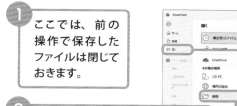

1 ここでは、前の操作で保存したファイルは閉じておきます。

2 [ファイル] タブをクリックしてBackstage ビューを表示します。

3 [開く] をクリックします。

4 [参照] をクリックします。

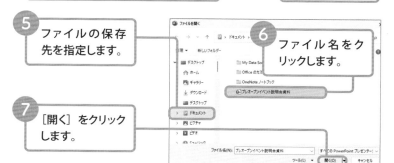

5 ファイルの保存先を指定します。

6 ファイル名をクリックします。

7 [開く] をクリックします。

Hint

スライドショー形式

ファイルの種類を「PowerPoint スライドショー」にして保存すると、スライドショー形式でファイルが保存されます。スライドショー形式のファイルは、ファイルのアイコンをダブルクリックするだけで、すぐにスライドショーをはじめられます。なお、スライドショー形式で保存したファイルを編集するには、PowerPoint を起動してから [ファイル] タブをクリックし、ファイルを開きます。

プレゼンテーションを
PDFとして保存しよう

作成したスライドは、PDF 形式で保存することもできます。保存時には、対象のスライドや発行対象などを指定できます。なお、ファイルを PowerPoint で編集する場合は、PowerPoint の形式でも保存しておきましょう。

1 PDF形式で保存しよう

1 [ファイル] タブをクリックして Backstage ビューを表示します。

2 [エクスポート] をクリックします。

4 [PDF/XPS ドキュメントの作成] をクリックします。

3 [PDF/XPS の作成]をクリックします。

5 [オプション]をクリックします。

6 保存するスライドを選択します。

7 発行対象をクリックします。

8 [OK] をクリックします。

配布資料の形式

配布資料を印刷するときのイメージでファイルを PDF 形式で保存するには、[発行対象]で「配布資料」を選択し、[1 ページあたりのスライド数]を指定します。

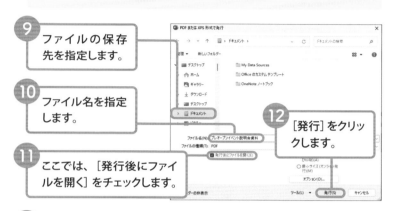

9 ファイルの保存先を指定します。

10 ファイル名を指定します。

11 ここでは、[発行後にファイルを開く]をチェックします。

12 [発行]をクリックします。

13 PDF 形式で保存したファイルが開きます。

PDF形式

PDF 形式のファイルは、インターネット上で文書を配布するときなどに利用されるファイル形式の 1 つです。ブラウザーや PDF ビューアーなどのアプリで表示できますので、PowerPoint がインストールされていないパソコンなどでもスライドを表示できます。

58 印刷プレビューを 表示しよう

スライドを印刷する方法を知っておきましょう。印刷前には、印刷イメージ を確認します。印刷レイアウトを指定すると、スライドとノートを印刷する こともできます。配布資料の印刷は、168 ページで紹介しています。

1 印刷イメージを確認しよう

1 [ファイル] タブ をクリックします。

2 [印刷] をクリック します。

3 印刷に使用するプリン ター名を確認します。

印刷イメージ

4 [次のページ] をクリックすると、 次のスライドが表示されます。

5 [印刷] をクリックすると、 印刷が実行されます。

② ノートを印刷しよう

1 前のページの方法で印刷イメージを表示します。

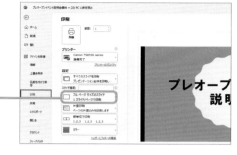

2 [フルページサイズのスライド] をクリックします。

3 [印刷レイアウト] の [ノート] をクリックします。

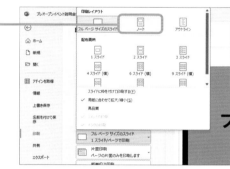

6 印刷する場合は、[印刷] をクリックします。

4 ノートの印刷イメージが表示されます。

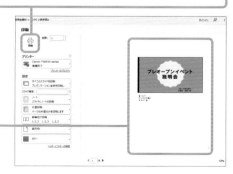

5 上部にスライドの縮小図、下部にノートの内容が表示されます。

59 配布資料を印刷しよう

プレゼンテーションの配布資料として、スライドの縮小図を印刷します。用紙1枚にいくつスライドの縮小図を印刷するか指定します。「3スライド」を選択すると、スライドが3つ縦に並び、メモ欄が印刷されます。

1 複数スライドを1枚に印刷しよう

1 [ファイル] タブをクリックして Backstage ビューを表示します。

2 [印刷] をクリックします。

3 印刷に使用するプリンター名を確認します。

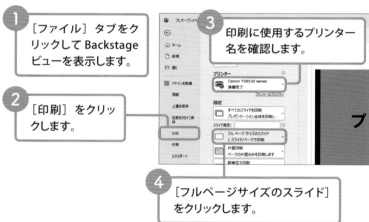

4 [フルページサイズのスライド] をクリックします。

5 [配布資料]から、用紙1枚にスライドをいくつ印刷するか選んでクリックします。

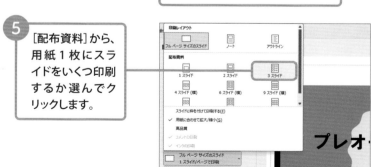

⑧ [印刷] をクリックすると、印刷が実行されます。

⑥ 配布資料の印刷イメージが表示されます。

⑦ [次のページ] をクリックすると、次のページが表示されます。

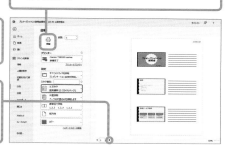

Hint

Wordで配布資料を作成する

配布資料を作成するとき、スライドやノートの内容以外の情報などを盛り込んで独自の配布資料を作成したい場合などは、PowerPoint のスライドをもとに Word で配布資料を作成する方法もあります。[ファイル]タブをクリックし、[エクスポート]をクリックし、[配布資料の作成] ─ [配布資料の作成] をクリックします。

このときレイアウトやスライドの貼り付け方法を指定できます。貼り付け方法で [貼り付け] を選択すると、スライドの縮小図を貼り付けます。[リンク貼り付け] を選択すると、もとの PowerPoint のファイルのスライドが変更された場合、Word 側のスライドの縮小図にも、その変更を反映させることができます。

配布資料に日付や
ページ番号を追加しよう

配布資料に日付やページ番号などの情報を追加するには、ヘッダーとフッターの設定を行います。ヘッダーは用紙の上部の余白、フッターは用紙の下部の余白です。すべてのページに同じ内容を表示します。

◯ 日付を追加しよう

1 166 ページの方法で、印刷イメージを表示します。

2 168 ページの方法で、配布資料のレイアウトを選択します。

3 [ヘッダーとフッターの編集] をクリックします。

4 [ノートと配布資料] タブをクリックします。

5 [日付と時刻] をクリックします。

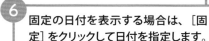

6 固定の日付を表示する場合は、[固定] をクリックして日付を指定します。

7 [すべてに適用] をクリックします。

Memo 日付やページ番号の表示について

ノートや配布資料には、通常は日付やページ番号が表示され
ます。日付が表示されない場合や非表示にしたい場合は下の
Memo、ページ番号については、次のページを確認してください。

8 日付が表示され
ます。

Memo 日付の表示

[ヘッダーとフッター]画面で日付のチェックボックスをオン
にしても日付が表示されない場合は、配布資料のデザインやレ
イアウトを管理している配布資料マスター画面を開きます。画
面を開くには、[表示]タブの[配布資料マスター]をクリッ
クします。続いて、[日付]のチェックボックスをクリックし
てオンにします。[日付]のチェックボックスのチェックが外
れている場合は、日付は表示されないので注意しましょう。

② ページ番号を追加しよう

1 [表示] タブの [配布資料マスター] をクリックします。

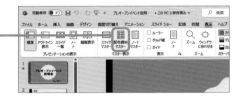

2 [配布資料マスター] の画面が表示されます。

3 [ページ番号] にチェックが付いている場合は、配布資料にページ番号が表示されます。

4 [マスター表示を閉じる] をクリックすると、元の画面に戻ります。

Memo

ヘッダーやフッター

ヘッダーやフッターを指定しても、印刷イメージに内容が表示されない場合は、印刷イメージの画面で [プリンターのプロパティ] をクリックしてプリンターのプロパティ画面を表示し、[OK] をクリックします。す

ると、画面にヘッダーやフッターが表示される場合があります。

PowerPointを
さらに活用しよう

61 スライド番号を挿入しよう

スライド番号を表示すると、スライドに連番を振ることができます。スライド番号があると、番号でスライドを区別できるので、プレゼンテーションのあとの質疑応答などの場面で、スライドを特定するのに役立ちます。

スライド番号を追加しよう

1 [挿入] タブの [スライド番号] をクリックします。

2 [スライド] タブをクリックします。

3 [スライド番号] をクリックします。

4 タイトルスライドにスライド番号や日付、フッターの内容を表示しない場合は、[タイトルスライドに表示しない] をクリックします。

5 [すべてに適用] をクリックします。

6 2番目のスライド
をクリックします。

7 スライド番号が表示されます。スライ
ドを切り替えると、番号も変わります。

番号の表示位置

スライド番号が表示される場所は、選択しているテーマによって異なります。表示場所を変えたい場合は、スライドのデザインを管理しているスライドマスターを操作します。[表示] タブをクリックして [スライドマスター] をクリックします。ス

ライドマスターをクリックして
ページ番号を表示するプレース
ホルダーの外枠をドラッグして
位置を変更して [マスター表示
を閉じる] をクリックします。

Chapter
8

PowerPointをさらに活用しよう

フッターを設定しよう

スライドの下余白にプレゼンテーションのタイトルや会社名などの情報を表示するには、フッターを指定します。[ヘッダーとフッター]画面で内容を入力します。ここでは、すべてのスライドに同じ内容を表示します。

1 フッターを設定しよう

1 [挿入]タブの[ヘッダーとフッター]をクリックします。

2 [スライド]タブをクリックします。

3 [フッター]をクリックしてチェックを付けます。

4 フッターの内容を入力します。

5 タイトルスライドにスライド番号や日付、フッターの内容を表示しない場合は、[タイトルスライドに表示しない]をクリックします。

6 [すべてに適用] をクリックします。

Memo

選択しているスライドのみ表示する

選択しているスライドのみ指定したフッターを表示する場合は、[適用] をクリックします。

7 スライドの下余白に指定した文字が表示されます。

Hint

日付と時刻

スライドに日付と時刻を表示するには、手順❷のあとで [日付と時刻] のチェックボックスをクリックしてチェックをオンにします。常に今日の日

付を表示したい場合は [自動更新] をクリックします。特定の日付を表示するには、[固定] をクリックして日付を指定します。

63 コメントを付けよう

スライドの編集中に、スライドに関するメモなどを残しておきたいときは、
コメントを追加する方法があります。コメントは、会話形式で入力できるの
で、第3者にスライドの内容を確認してもらうときなどにも活用できます。

1 コメントを追加しよう

1 コメントを追加したいスライド（こ
こでは「7」）をクリックします。

2 コメントを付ける場所
を選択します。

3 ［校閲］タブをク
リックします。

4 ［新しいコメント］
をクリックします。

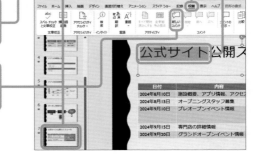

5 コメントが追加されたら、コメントの内容を入力します。

6 ［コメントを投稿
する］をクリック
します。

2 コメントに返信しよう

1 コメントが追加されたスライドには、スライドのサムネイルの左側にコメントのマークとコメント数が表示されます。

2 コメントのマークをクリックします。

3 返信するコメントの [返信] 欄をクリックします。

4 返信内容を入力します。[返信を投稿する] をクリックします。

Memo スレッドを解決する

コメントのやりとりを終えた場合は、コメントをクリックし、[その他のスレッド操作] をクリック、[スレッドを解決する] をクリックします。やりとりを再び始める場合は、[もう一度開く] をクリックします。

クイックアクセスツールバー
に登録しよう

よく使う機能のボタンをクイックアクセスツールバーに追加すると、どのタブが選択されていても、すぐに機能を実行できて便利です。リボンに表示されていない機能のボタンも追加できます。

1 クイックアクセスツールバーにボタンを追加しよう

1 [クイックアクセスツールバーのユーザー設定]をクリックします。

2 クイックアクセスツールバーに現在表示されている機能の項目には、チェックが付いています。

3 [その他のコマンド]をクリックします。

4 [PowerPoint のオプション]画面のクイックアクセスツールバーのカスタマイズができる画面が表示されます。

5 [コマンドの選択]の[▼]をクリックして、表示するコマンドの種類をクリックします。

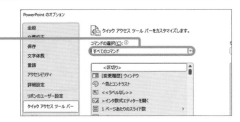

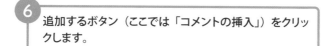

6 追加するボタン（ここでは「コメントの挿入」）をクリックします。

7 すべてのファイルにボタンを表示するか、表示しているファイルのみ表示するか選択します。

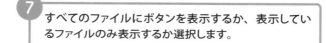

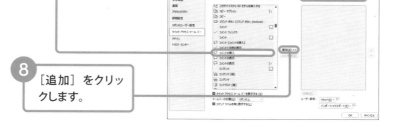

8 ［追加］をクリックします。

9 ボタンが右側の欄に表示されます。

10 ［OK］をクリックします。

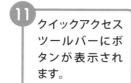

Chapter **8**

PowerPointをさらに活用しよう

11 クイックアクセスツールバーにボタンが表示されます。

リボンのボタンから追加する

リボンに表示されているボタンをクイックアクセスツールバーに追加する場合は、ボタンを右クリックして[クイックアクセスツールバーに追加]をクリックする方法もあります。

2 クイックアクセスツールバーのボタンを削除しよう

1 クイックアクセスツールバーに追加したボタンを右クリックします。

2 [クイックアクセスツールバーから削除]をクリックします。

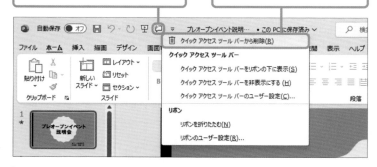

3 クイックアクセスツールバーからボタンが削除されます。

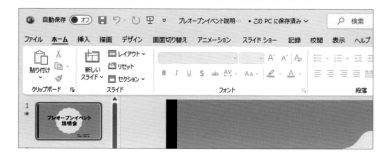

③ クイックアクセスツールバーをリセットしよう

1 180ページの方法で、クイックアクセスツールバーをカスタマイズする画面を表示します。

2 すべてのファイル、また、指定したファイルのみリセットするか選択します。

3 [リセット] の横の [▼] をクリックします。

4 [クイックアクセスツールバーのみをリセット] をクリックします。

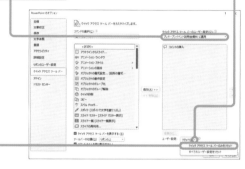

5 [はい] をクリックします。

6 [OK] をクリックして設定画面を閉じます。

7 クイックアクセスツールバーがリセットされたことを確認します。

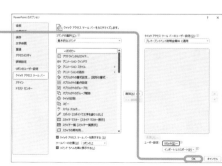

ショートカットキーを
活用しよう

PowerPoint で使えるショートカットキーを紹介します。スライドショーの実行時によく使う操作は、ショートカットキーを覚えておくとよいでしょう。聞き手を待たせることなく、瞬時に画面を切り替えられて便利です。

1 ファイルの操作

操作	キー
新規ファイルを作成	Ctrl + N キー
ファイルを開く	Ctrl + O キー
ファイルを保存	Ctrl + S キー
ファイルを印刷	Ctrl + P キー
PowerPoint を終了	Ctrl + Q キー

2 スライドの編集

操作	キー
操作を元に戻す	Ctrl + Z キー
元に戻した操作をやり直す	Ctrl + Y キー
直前の操作をくりかえす	Ctrl + Y キー
選択した文字や図形などを切り取り	Ctrl + X キー
選択した文字や図形などをコピー	Ctrl + C キー
コピーした内容を貼り付け	Ctrl + V キー
箇条書きのレベルを下げる	Tab キー
箇条書きのレベルを上げる	Shift + Tab キー
[検索] 画面を開く	Ctrl + F キー
[置換] 画面を開く	Ctrl + H キー
コメントを追加	Ctrl + Alt + M キー

③ スライドの操作

操作	キー
スライドを追加	Ctrl + M キー
次のスライドに切り替え	↓ キー、または、Page Down キー
前のスライドに切り替え	↑ キー、または、Page Up キー

④ スライドショーの操作

操作	キー
スライドショーを開始	F5 キー
現在のスライドから スライドショーを開始	Shift + F5 キー
発表者ビューで スライドショーを開始	Alt + F5 キー
次のスライドに進む。 次のアニメーションを実行	N キー、または、→ キー、 または、↓ キーなど
前のスライドに戻る。 前のアニメーションを実行	P キー、または、← キー、 または、↑ キーなど
指定したスライドに移動	スライド番号を入力後 Enter キー
［すべてのスライド］画面を 表示	Ctrl + S キー
黒い画面を表示	B キー、または、. キー
白い画面を表示	W キー、または、, キー
ポインターをペンに変更	Ctrl + P キー
ポインターを レーザーポインターに変更	Ctrl + L キー
ポインターを蛍光ペンに変更	Ctrl + I キー
ポインターを 矢印ポインターに変更	Ctrl + A キー
ポインターを消しゴムに変更	Ctrl + E キー
スライドへの書き込みの 表示/非表示を切り替え	Ctrl + M キー
スライドへの書き込みを削除	E キー
ヘルプ画面を表示	F1 キー
スライドショーを終了	Esc キー

PowerPointをさらに活用しよう

資料作成に使えるアイコン・イラストフリー素材サイト

スライドの内容を瞬時に理解してもらうためには、情報を視覚化することが重要です。アイコンやイラスト、写真などを効果的に利用しましょう。ここでは、無料で利用できるアイコンやイラストなどを提供しているいくつかのサイト（Web サイト）を紹介します。利用する際には、利用規約などを確認してください。

1 Icon rainbow

直感的にわかりやすいアイコンが豊富に揃っています。細かいカテゴリーを指定することで、検索しやすい工夫もされています。また、アイコンをダウンロードするときに、サイズや色などを選ぶことができます。

https://icon-rainbow.com/

2 ソコスト

ビジネスで利用しやすい、柔らかく落ち着いた印象のイラストがたくさんあります。季節のイベントや建物、乗りものや食べものなど、多種多様なタイプのものが用意されています。幅広い場面で汎用的に利用できて便利です。

https://soco-st.com/

③ ちょうどいいイラスト

カテゴリー別にさまざまなイラストがまとめられています。ビジネスや日常の具体的なひとコマを表現するイラストが多く、「○○をしている○○」などの場面がすぐに伝わります。感情が伝わる表情豊かな人も探せます。

https://tyoudoii-illust.com/

④ ビジネス素材

よくあるビジネスシーンでの人のイラストを利用できます。営業や受付など、さまざまな仕事をする人を見つけられます。提案や面接、会議など、「ビジネスにおける人と人とのコミュニケーション」のイラストも豊富です。

https://web-sozai.com/

Memo 素材を探すには

インターネット上には、アイコンやイラスト、写真や動画、音楽などの素材を提供しているサイトがあります。無料のものや有料のものがあります。また、最近では、生成AIの技術を使って、ユーザーからのリクエストに応じて必要な素材を作ることができるサイトもありますので、試してみるのもよいでしょう。なお、インターネット経由で素材を入手して利用するときは、そのサイトで利用規約などのルールを確認します。ルールを守って利用しましょう。

Index

さ行

ら～わ行

ま行～や行

■ **お問い合わせの例**

FAX

1 お名前
技評 太郎

2 返信先の住所またはFAX番号
03-××××-××××

3 書名
今すぐ使えるかんたんmini
PowerPointの基本と便利が
これ1冊でわかる本

4 本書の該当ページ
60ページ

5 ご使用のOSとソフトウェアのバージョン
Windows 11
PowerPoint 2021

6 ご質問内容
手順3の操作が完了しない

今すぐ使えるかんたんmini
PowerPointの基本と便利が
これ1冊でわかる本

2024年6月21日　初版　第1刷発行

著者●門脇 香奈子
発行者●片岡 巌
発行所●株式会社 技術評論社
　　　　東京都新宿区市谷左内町21-13
　　　　電話　03-3513-6150　販売促進部
　　　　　　　03-3513-6166　書籍編集部
装丁●坂本 真一郎（クオルデザイン）
イラスト●高内 彩夏
本文デザイン●坂本 真一郎（クオルデザイン）
DTP●リンクアップ
編集●佐久 未佳
製本／印刷●図書印刷株式会社

定価はカバーに表示してあります。

ISBN978-4-297-14188-2 C3055

Printed in Japan

■ **お問い合わせについて**

本書に関するご質問については、本書に記載さ
れている内容に関するもののみとさせていただ
きます。本書の内容と関係のないご質問につき
ましては、一切お答えできませんので、あらか
じめご了承ください。また、電話でのご質問は
受け付けておりませんので、必ずFAXか書面に
て下記までお送りください。
なお、ご質問の際には、必ず以下の項目を明記
していただきますようお願いいたします。

1 お名前
2 返信先の住所またはFAX番号
3 書名
　（今すぐ使えるかんたんmini
　　PowerPointの基本と便利が
　　これ1冊でわかる本）
4 本書の該当ページ
5 ご使用のOSとソフトウェアのバージョン
6 ご質問内容

なお、お送りいただいたご質問には、できる限
り迅速にお答えできるよう努力いたしておりま
すが、場合によってはお答えするまでに時間が
かかることがあります。また、回答の期日をご
指定なさっても、ご希望にお応えできるとは限
りません。あらかじめご了承くださいますよう、
お願いいたします。
ご質問の際に記載いただきました個人情報は、
回答後速やかに破棄させていただきます。

■ **問い合わせ先**

〒162-0846
東京都新宿区市谷左内町21-13
株式会社技術評論社　書籍編集部
今すぐ使えるかんたんmini
PowerPointの基本と便利がこれ1冊でわかる本
質問係

FAX番号　03-3513-6183

URL：https://book.gihyo.jp/116